作者 東尼

爆數——香港人的銷售天書

唔睇，你點爆數呀？

第一章：以身為推銷員而驕傲

第二章：識做一定做Sales？

目錄

第三章：吹

第四章：智能推銷

第五章：直銷探險記

第六章：與膠客共舞

第七章：講價小百科

第八章：效率決定成敗

第九章：Top Sales 是這樣鍊成的

推薦序一

2013 年，我參與了香港電台的真人騷節目《窮富翁大作戰》，體驗了三天香港基層的生活。這次經驗令我明白到，人要擺脫貧窮，最直接的方法莫過於擁有一門專業的謀生技能，以專業換取金錢，自給自足。

銷售，當然是一門謀生技能，而東尼的《爆數》將銷售再昇華，成為了解人性的藝術，讓讀者一窺銷售大門後的大千世界。回想自己，每天何嘗不是向人銷售？我的營商理念、環保理念、扶貧理念，要別人認同我的理念，我就在做銷售了。

書中的例子以及行文均十分地道生活化，不難想像作者東尼就是那麼一個「香港仔」，但願香港有更多有勇氣為夢想踏出一步的人，但願有更多好人好事在你我身邊。

黃傑龍 JP

叙福樓集團執行董事

2011 年香港十大傑出青年

推薦序二

話說在下到書局查看一下自己新作《股壇練兵訣》時，發現了香港「華爾街狼人」東尼這本《爆數》就在旁邊，封面有趣，語言簡單易明，兩個字：「土炮」！因為封面都係得兩個簡單直接的關鍵字——「爆數」！

銷售是一門人性的心靈藝術，一個識銷售嘅人，就算畀咩佢都好，佢都可以 sell 得到。在下作為股壇中人，見過好多新股上市，明明垃圾股都可以吹到天上有、地下無。佐敦・貝爾福特（Jordan Belfort）在電影《華爾街狼人》（*The Wolf of Wall Street*）中也就是靠銷售仙股（Penny stocks），由窮小子發跡，享盡奢華，講到底，要爆數，就必先掌握行銷！

這些人，唔輪到你唔服佢，甚至欣賞佢，一個唔識銷售嘅人，畀件寶佢都可以講成垃圾一樣，相反有種人，靠把口也可以令垃圾產品成為暢銷之物，這也是語言藝術。

《爆數》是一本行走江湖、由經驗累積而成的香港土炮銷售天書，在下從來都唔 sell 嘢，唔係唔識 sell，係唔鍾意 sell，但係就成日畀人 sell。特別喺美國定居得耐，每次回到香港，無論去到邊，不論做 Gym、買衫、甚至着到乞衣咁，行行下街都可以畀人捉去做 facial 再行銷一輪，呢個係咩世界？

香港就係一個行銷的世界，東尼這本書，不止是教銷售、爆數咁簡單，係教緊一個心理戰，唔止做銷售的你需要呢本書，就連好似在下咁，唔想畀人 sell 嘢、唔想畀人咁易 sell 到嘅人，都需要呢本《爆數》！因為知己知彼，百戰百勝！

祝東尼《爆數》再版再再版，助人加速圓夢。期待第二本新作，書名在下都諗咗個，唔使多，加隻字——《爆數・易》！

F- 方新俠

《股壇練兵訣》作者

再版序——數已爆

在《爆數》初版出版後大約一個月，我收到出版社的通知，說書本的銷情理想， 要加印第二版了，我的第一個反應不是高興，反而問了一個問題：初版的發行量是否太少了？

後來出版社回覆，初版的發行量跟其他書籍相約，所以加印第二版並非因為發行量少，的確因為讀者的反應踴躍，聽到這裡，終於放下了心頭大石，我的書總算「爆數」了。

《爆數》出版後，陸續收到不少讀者來信，有鼓勵性的，有建議性的，這些倒也正常，意外的是有一些求助性的信件，他們在銷售上遇到困難向我求助，我亦盡力給予建議，這種跟讀者的互動令我更加了解不同行業的銷售生態。廣大讀者如遇上任何銷售上的疑難，歡迎你們來信交流。

在此我十分感謝替我寫了第二版序的黃傑龍先生及 F- 方新俠先生，兩位都是我的良師益友。讓我們延續「爆數」精神，現在就一起「爆數」！

序——知唔知個「死」字點寫？

爆數，望文生義，數字之爆發也。

每個推銷員都希望爆數，包括我在內。自我有謀生能力開始，我從事的工作大多和銷售有關，過程中必定有順境亦有逆境。每當我遇上困難，無法爆數時，我便會去書店找一些有用的銷售書籍，助我解決疑難。但就在逛書店時，我發現了一個奇怪的現象：

書架上講解銷售技巧的專著多不勝數，有關於客戶心理學的、有關於成交技巧的，也有開發新客戶技巧的，儘管主題不一，但它們都有着一個共通點——不是本地著作。

這些銷售書籍有從英文或日文翻譯過來的，也有台灣作家著寫的，甚至有國內的，唯獨是沒有港產的（又或者數量極少）。這些書籍都不是以香港人為對象，所以內容不符合「港情」。香港作為一個商機處處的國際都會，難道我們就沒有傑出的銷售人才，去撰寫一部有關銷售的書嗎？因此，我萌生了一個念頭——寫一本屬於香港人的銷售書。

然而出版這一本書，是一個十分艱難的決定。

無名校 MBA 學位、無業績神話、無專業人士推介，卻要寫一本講銷售的書，知唔知個「死」字點寫？

武俠片裡的大俠在窮途末路時，都會說：「我不要死在無名小卒手上，快報上名來！」原來死不可怕，只怕死得不明不白。死得清楚明白，就算「抵死」了。

這是一本總結了我十多年銷售經驗，由旺角街頭走到 ifc，客戶由師奶到 CEO，除了 what to do 更着重 how to do 的書，書內沒有宗教式的口號，令你瞬間擁有征服世界的信心，只有由經驗、血淚和失敗磨練而成的招式，讓你在跟客戶推銷時可以見招拆招。

能夠寫成這本書，並成功出版，已經算「抵死」了。假如這本書能夠為身為推銷員的你帶來一點啟發，我更是死而無憾！在此我想多謝每一位曾經為我提供意見的朋友，不論是內容、寫作手法、資料搜集、編輯、設計、出版等等，沒有你們，這本書不得問世。

這是一本給香港人看的銷售書，書中的用詞和例子都以非常地道的方式表達，希望能引起大家的共鳴。現在，就讓我們一起爆數！

第一章 以身為推銷員而驕傲

我的志願是推銷員？

「做 Sales 好辛苦㗎喎，又要跑數，又要對客；收入唔穩定，生意唔好又要畀老細鬧，做『行街』嗰啲仲要日曬雨淋。讀好啲書第時大個做個會計師／醫生／律師，坐喺 office 嘆冷氣好過啦！」

從前在學校寫〈我的志願〉，我從來沒有寫過，也沒有聽說過同學寫其志願是推銷員。也許大家對推銷員的印象都是「求人買嘢」的職業，屬於厭惡性工作之一，只有在沒有更好選擇的情況下，才會做推銷員。事實是這樣嗎？

任何交易都必定存在四個元素，分別是賣方、買方、產品和代價。賣方就是擁有產品的人，而買方則是為了得到賣方的產品而付出代價來交換的人。推銷員作為賣方的代表，跟作為客戶的買方各取所需，貨銀兩訖，誰也不比誰高尚，誰也不比誰低下。推銷員跟客戶的關係，就是這樣簡單。

究竟香港有多少人從事銷售工作？根據香港政府統計處「2011 年人口普查」結果，香港的勞動人口約 370 萬，當中有 16.2% 從事「服務工作及銷售人員」工作，即大約 60 萬人。假設銷售人員佔當中的一半，就大約有 30 萬人。那就是說，**全香港的推銷員可以坐滿 7.5 個香港大球場**。

★ ★ ★

推銷員的三大類別

世界上不管是哪一個行業，**只要是為了賺取利潤而存在的企業，都必須聘請推銷員**，而根據不同性質，推銷員大致可分為以下三類：

1. 消費品推銷員

一般人最多機會接觸的就是消費品推銷員。所有消費品，包括時裝、電子產品、電訊、珠寶首飾、玩具、收費電視、做Gym、美容等等，都是靠消費品推銷員去推銷的。他們大多在店鋪內工作，但亦有一些以打游擊的方式工作，只需一個易拉架，便可隨時隨地做生意。

由於消費品針對的是普羅大眾市場，所以**消費品推銷員的推銷對象以用家（end users）為主**。他們售賣的產品一般都有一個既定的規格，而這個規格是不能輕易改動的，例如一個電訊網絡商會推出不同的服務計劃供消費者選擇，但個別計劃的服務範圍、內容及定價都是既定的，當中的可變性很低，極其量是一些額外的增值服務；又例如一件玩具，它的顏色、大小、功能也是既定的，消費者只能因應眼前的條件，去決定是否購買。

基於這種低可變性，消費品推銷員的推銷周期一般較短，快

的可能是數分鐘，長的也可能只是一個小時。而推銷時所**着重的是影響客戶對產品的價值觀，從而產生購買慾望**。相關技巧將在稍後的篇章作深入討論。

2. 機構推銷員

除了消費者需要購買，各行業的機構也會因應其需要採購產品或服務，而推銷這些產品服務的就是機構推銷員。他們的**推銷對象是機構內的職員，而用家則是機構本身**。例如一家商業保安系統公司的推銷員，他的推銷對象是客戶公司內的保安部經理，而使用這套保安系統的就是客戶公司本身。

機構推銷員一般都在辦公室工作，但亦有不少時間要外出見客，所以他們亦被俗稱為「行街」。

機構推銷員是以推銷解決方案（solution）為主的推銷員。再引用商業保安系統公司的例子，推銷員在了解過客戶公司的業務性質、公司面積、員工人數、潛在風險等因素後，再為客戶提供一個保安系統方案，保障其員工及財產安全。由於每個客戶所需要的解決方案都不盡相同，相比消費品推銷員，**機構推銷員的產品可塑性較高**，不論數量、規格、價錢或付款方式等細節都可因應客戶需求作出彈性處理。因當中涉及許多文書往來，加上客戶內部不同部門、不同階級管理層的重重批核，機構推銷員的銷售周期往往比較長，可以以數週甚至以年計算。

機構採購的價格透明度較低，過程中可能牽涉很複雜的產品專業知識，因此**一些專為機構提供採購意見的顧問或代理公司便應運而生**，它們會在機構作出採購決定前提供市場分析、成本控制、報價、爭取有利的交易條件等服務，甚至在交易完成後為機構提交評估報告。香港其中一種最常見的採購顧問公司就是廣告代理，它們會為廣告客戶擬定廣告投放計劃，並向各傳媒機構爭取最理想的價格，在廣告計劃完結後亦會提供數據報告。跟這種專業代理做生意，對推銷員推銷技巧的要求比跟一般客戶做生意的高，**除了基本的銷售技巧，亦講求推銷員的交際手腕。**

3. 顧問推銷員

顧問推銷員可說是以上兩種推銷員的混合體，跟消費品推銷員相似，他們也是以用家為推銷對象，但他們除了要推銷產品，同時亦要給予專業意見，為客戶提供解決方案，這一點則與機構推銷員有異曲同工之處。為了維持專業性及保障客戶利益，不少顧問推銷員執業前都要考取專業資格。

地產及金融是最多顧問推銷員的行業，他們除了買賣樓宇、金融產品外，還要向客戶提出置業及理財建議，而**一個出色的顧問推銷員一般都具備兩大條件：人脈和資訊**。

顧問推銷員雖然以用家為對象，但他們不像消費品推銷員那樣駐守在實體的店舖（或易拉架攤檔），作為吸引客戶的

據點。他們是靠人際網絡去尋找商機的，方法可以是朋友介紹、客戶推薦、出席「握手會」、打 cold call、網絡交友等等，不管方法如何，目的都是要拓展人脈。在銷售界有一句格言，道出了人脈的重要性：**人沒有脈搏會死，Sales 沒有人脈會窮！**

如前文所述，顧問推銷員除了賣產品，也賣建議，而**建議是否有價值，便要視乎他所掌握的資訊的多寡**。

假設你是地產經紀，你所售賣的樓宇的樓齡、結構、座向、面積、間格、管理、設施、校網、交通、空氣質素、上任業主是誰、同層鄰居是甚麼人、附近有甚麼超市食肆、該區物業行情、政府樓市政策、環球經濟前景等等都是客戶關心的事情，你必須對這些資訊瞭如指掌，才能獲得客戶的信任。

不管你是以上哪一種推銷員，你都是香港人習慣稱呼的 Sales（請以港式英語發音，即「sell 屎」，會多一份地道的親切感！）。

企業可以沒有哪些人？

一個企業為了配合營運，都會設立不同部門分工合作，如營業部、市場部、人力資源部、會計部及財務部等。我無意冒犯其他任何專業，事實上企業要有效地營運及壯大，每個部門都擔當了重要的角色。然而，在以上部門當中，**營業部局負起為企業帶來經常性收入的重任**。規模較小的企業，未必有正規的人力資源、財務等部門，但必定有一隊銷售團隊為企業「跑生意」，可見**銷售人才是每個企業不可或缺的資源**。

推銷員為企業推銷產品，賺取利潤，這一小撮員工的表現影響了企業其餘大部分員工的生計。與此同時，推銷員促進了不同的消費、採購和交易行為，為經濟發展擔當了重要角色。從這個角度看，推銷員確實是對社會十分有貢獻的職業。然而**現實中，推銷員並不是甚麼高尚的職業，很多人因為學歷不夠而當上推銷員，甚至一些企業在招聘推銷員時也顯得十分輕率**。這種現象與推銷員在企業的重要性形成矛盾，你說奇怪不奇怪？

奇怪的推銷員

這奇怪現象的成因，其一是推銷員**缺乏專業的銷售培訓**。在香港大專院校的商學院裡，我們不難找到會計、人力資源、金融財務、市場學等專科學系，但有關銷售技巧或理論的學問，極其量只能成為一個科目。學校沒有培訓這方面的專才，令職場新鮮人在沒有準備下便當上企業陣前先鋒，需知**金融系尖子可能對世界的金股匯樓債走勢瞭如指掌，但未必懂得如何令牛頭角順嫂明白基金投資的好處**。

即使**在企業之內，銷售培訓也未被重視**。一般企業的思維是希望招聘一批已經成才的推銷員加盟，而不是由零開始孕育一批頂尖的銷售精英。企業內的所謂銷售培訓，大多以產品培訓為主，要員工把厚厚的產品說明書生吞入肚，成為一本「人肉 catalogue」。然而**知識不代表業績**，員工的成敗全看自己的資質與造化。

這種現象亦是由於**市場過度競爭、企業急於求成**所致。試想像每個企業天天都在拼單月業績、季結年結，管理層最關注的是怎樣交出亮麗的成績表，員工最好快快了解公司產品，再到前線向客戶推銷，誰有心情跟你討論銷售技巧？成績不達標就以最以簡單的方法——「捽數」——去催谷員工表現。

「捽」死你

「捽數」文雅一點的講法就是業績考核，銷售主管定期向前線推銷員了解業績狀況，假如情況不如理想，英明的主管們就會想出各種方法去提升推銷員的表現。

當中比較「人道」的方法，就是每天針對你的工作表現檢討一次，從策略、效率和態度等方面逐一評估，然後提出一些改善建議。這種**「人道捽數」，就像把推銷員的衣服脫光光，然後裡裡外外做一次徹底檢查**。檢查過程中總會有點尷尬，但目的也是為了改善問題，所以我說這是比較「人道」的做法。

而**「不人道」的「捽數」，就是指那些純粹情緒宣洩的「捽數會」**。主管們也許受了不少壓力，亦有可能本身就是變態的，他們催谷下屬的方法就是不斷的講粗口、人身攻擊、恐嚇甚至體罰，表面上是利用恐懼來鞭策下屬，事實上是因為無法解決問題而「發爛渣」。

網絡上有一段短片，活生生地呈現了甚麼是「不人道捽數」，由於內含大量不雅用語，為免遭到審查，不便引述，請讀者自行觀摩：

「捽數」文化固然令有志投身銷售行業的人卻步，除此之外，由於推銷員的薪酬是底薪加佣金制，部分行業如金融業更是零底薪制，招聘推銷員對企業來說即使未致無本生利，也可算是少本生利，所以即使企業不幸「入錯貨」，也可待其在業績壓力下自然流失，或者大刀闊斧的「去舊迎新」，因此造成推銷員質素參差、流失率高的現象。在這種社會文化影響下，推銷員的價值沒有被尊重，也不無道理。

沒有推銷員的世界

購物和消費是令人快樂的事，也就是說**推銷員在帶給別人快樂**。有沒有想像過，若推銷員這個職業在世上突然消失，對我們的生活會有甚麼影響？當你走進店舖，沒有人對你說「歡迎光臨，隨便睇，返咗好多新貨，睇啱計平啲畀你」，取而代之的是一台自助售賣機。你站在冷冰冰的機器前，用手指在屏幕上點選自己想買的東西，然後電腦自動檢查貨倉存貨，經信用卡付款後，貨物輸送到你面前，你拿着貨物離開。由進入店舖直至離開，你沒有說過及聽過一句話，就像在網上購物一樣。雖然也能買到想要的東西，但**欠缺了人性化的服務，消費就變成了純粹金錢和貨物的交易，變得無趣、乏味。**

人人都是推銷員

或許你從未想過要成為一個推銷員，但其實人生在世，只要你不是獨自活在一個孤島上，**任何人與人之間的互動也是在銷售**，這種銷售同樣有賣方、買方、產品以及代價，只是它們是以不同的方式呈現。

賣方	產品	買方	代價
求職者	專業知識／勞動力	僱主	僱用合約
下屬	工作表現／「擦鞋」	上司	升職機會
男生	愛心	女生	情侶關係
政治家	政治願景	選民	選票
慈善團體	慈善工作	善長仁翁	捐獻
恐怖組織／邪教	組織理念／教義	信徒	執行恐怖襲擊
佔中三子	佔領中環	「黃絲帶」	瞓街抗命
富二代花花公子	「我唔會玩你㗎」	電視台小花	廁所 gathering
電影導演	演出機會	博上位女明星	你懂的

上述例子的賣方都不只是賣產品，還賣意念，這些意念能夠跟買方「成交」，所帶來的利益／後果更是無法以金錢衡量的。奧巴馬在2008年的美國總統選舉，成功地把「Change」的政治願景「賣」給美國選民，最終成為了美國首位黑人總統，並於2012年成功連任，對美國以至全世界有着深遠影響；恐怖組織領袖成功地把對抗西方的意念「賣」給信徒，從而發動了2001年的「九一一」恐怖襲擊，造成無數人命傷亡，更激化了西方國家與阿拉伯國家的衝突。**這些人的職業都不是推銷員，但他們都是銷售高手。**

學懂銷售，小則可創業興家，大則可安邦定國，以下是一個我十分喜歡的歷史故事，扼要地道出了銷售的精髓。

皇帝也要學銷售

明成祖朱棣是歷史上有名的皇帝，也是一個權謀大師。在「靖難之變」後期，朱棣軍隊攻至離首都南京只有一水之隔的地方，卻受到當時在位的皇帝建文帝軍隊的猛烈抵抗。朱棣的軍隊十分疲憊，對方則以逸待勞，眼看大勢已去，此時朱棣的二子朱高煦率援軍來到，朱棣對他說了一句話，令自己反敗為勝。

朱棣說：「努力，世子身體不好！」

世子就是朱棣的長子朱高熾，也就是假如朱棣做了皇帝，他死後的皇位第一順位繼承人。朱棣的寥寥八字，朱高煦理解為：「哥哥身體不好，他若有不測，父親將來就會把皇位傳給我！」這是一個何等偉大的想像！也就是這一番說話、這一個想像，令朱高煦率領援軍奮勇殺敵，最終贏得戰役，朱棣亦登上了皇帝寶座。而他死後，還是把帝位傳給了長子朱高熾。

以上除了是一件歷史事件，也是一個銷售案例。賣方是朱棣，他「賣」的是一個做皇帝的想像，買方則是朱高煦。後者「買」了之後，便要付出代價，就是解朱棣的燃眉之急。

銷售不單是一種工作技能，更是一種生存之道。如果你決定踏上推銷員之路，請視它為與會計師、醫生、律師同等專業的職業，好好裝備自己，並以身為推銷員而驕傲！

爆數☆金句

★★★

只要是為了賺取利潤而存在的企業，
都必須聘請推銷員。這一小撮員工的表
現影響了企業其餘大部分員工的生計。

★★★

★★★

人沒有脈搏會死，Sales 沒有人脈會窮！

★★★

★★★

購物和消費是令人快樂的事，
也就是說推銷員在帶給別人快樂。

★★★

★★★

人生在世，
只要你不是獨自活在一個孤島上，
任何人與人之間的互動也是在銷售。

★★★

★★★

以身為推銷員而驕傲！

★★★

「老 Sales」並非指工作資歷深，或年紀稍長的推銷員，而是一些**行為非常老套的推銷員**。「老 Sales」的特徵包括**說話時聲線無故提高八度**，而且不斷**吹噓自家產品、眼神過度誠懇、笑容僵硬**等。試回想你近來遇上的推銷員，有沒有這種「老 Sales」？你對他有甚麼感覺？（如未曾遇上，請於假日到旺角西洋菜街逛一圈。）

「老 Sales」予人的感覺就是為了賺錢而 hard sell 產品的推銷員，從跟客戶接觸的第一刻起，他便想着如何成交、如何把佣金最高的產品賣出去、如何令客戶儘量買多一些產品。也許他以為自己可以用表情去掩飾內心所想，但中國俗語有云「相由心生」，你的內心所想會表現在臉上，客戶看在眼裡，又怎會不知道你在想甚麼呢？**「老 Sales」把自己的利益置於客戶利益之上**，他們只想滿足自己，從沒關心客戶利益。而把「老 Sales」嘴臉演繹得淋漓盡致的人，要數香港喜劇大師詹瑞文。

年前他在香港一家投資公司的廣告中飾演一位投資顧問，他銷售只為了達到業績 quota，完全漠視客戶利益，客戶最後當然向他說「不」。廣告雖然包含了喜劇元素，但也是不少「老 Sales」的工作寫照：

為甚麼會有人成為人見人厭的「老 Sales」？原因有兩個：第一個是先天性的，就是他們天生是極端自私自利的人，而且目光短淺，只看重眼前利益。可是以我目前的知識，我還未懂得如何把人的性格改變過來，所以只好說句無能為力。幸好，這種人只屬少數，大多數人成為「老 Sales」的原因都是後天的——就如第一章所述，因為企業沒有提供銷售培訓，以及在業績壓力的催迫下，只求儘早達成自己的 quota，客戶的利益因而難免被忽略。某程度上，「老 Sales」可說是企業競爭的副產品。

不想成為「老 Sales」，請把客戶的利益，置於你的個人利益之上，當客戶感受到你真的在乎他的利益、在為他找方法解決問題時，他對你的信任自然會提升，你提供的購買建議

亦較容易得到接納。當然，自私是人類的天性，我不可能要求你成為一個只求付出、不問收穫的推銷員，推銷的最終目的就是成交，衡量一個推銷員工作表現的也是成交量。

你或許以為我是一個精神分裂的偽君子，一方面反對做「老Sales」，另一方面卻強調成交至上。其實只要將目光放遠一點，你便會發現兩者並不矛盾。**就是為了成交，才必須先放下自身利益；而且當面對的利益越大，就越需要先放下更大的利益**。

「欲擒故縱」是中國人的傳統智慧，也是一種處世策略。《三國演義》中諸葛亮收服孟獲的情節教人津津樂道，他所採用的策略就是欲擒故縱。要擒拿孟獲，先要放他走，於是諸葛亮總共放走了他六次之多，但每次孟獲也不服氣，到了第七次，諸葛亮再放他走，孟獲才甘心歸順（如不了解這段故事請自行 google）。

如果套用在銷售上，「欲擒故縱」可以理解為先不要急於跟客戶成交，因為當你急於成交，「老 Sales」嘴臉就會表露無遺，自然無法取得客戶信任。**一般人，包括你和我，對推銷員都有一種防禦心理**，尤其在初次見面時，我跟你素未謀面，不知你個人品性如何，要我相信你的說話、真金白銀花錢購買，並不是一件容易的事。**所謂「縱」，就是把客戶的利益，置於你的個人利益之上，以賺取客戶信任**。

你總試過明明自家貨品比較優勝，但生意卻偏偏溜到對家去。事實上每個推銷員都會說自己的產品好，但是客戶並不一定知道你的產品有多好，他只能從雙方互動過程中的細節，去判斷相信與否。不只客戶，**任何人都只會相信他信任的人，如果他不信任你，即使你講的是事實，他也未必相信**。雖然諷刺，但這卻是現實。

如果朋友向你推薦一件產品，你考慮的不是他說話的可信性，而是他推薦的產品怎樣好、有多好，因為你知道朋友是真心向你推介的，他把你的利益置於他個人利益之上，所以你會毫不猶疑地相信他。**從另一個角度思考，你認為要欺騙一個蠢人容易，還是欺騙一個信任你的人容易？**去年在我構思這篇文章的前幾天，國際影星湯唯誤墮電話騙局，被騙去了 21 萬人民幣（我的天！），事後很多人說沒想到湯唯會蠢得墮入這種騙局。

一個蠢人面對騙子的花言巧語，雖然他不知道騙子葫蘆裡賣甚麼藥，但正因為他不懂，他寧可不相信也不冒險，蠢人反而沒有損失。但欺騙一個信任的人則容易多了，因為他不會質疑騙子的說話，所以所有騙案發生初期，騙徒都是以取得受害人信任為目的。因此我們極其量只能說湯唯容易信人，而不能說她蠢（至少這件事不能證明）。

不少公司都喜歡對客戶作出服務承諾，而幾乎全部都有一條「以客戶利益為先」的承諾。過去你以為這是公司粉飾形象的說辭，但當你讀過這個貼士後，你就知道內裡包含了欲擒故縱的智慧。當推銷員能做到以客人利益為先，摒棄「老Sales」心態，客戶自然手到「擒」來。

「做好」精神

很多人工作的目的就是為了一份薪水。金錢固然是工作的源動力，但在此我囑咐讀者們，**金錢是我們好好地完成工作之後的回報，而不是工作的目的**。試想想，一個只為賺錢的廚師，和一個用心烹調菜式的廚師，誰的菜會較好吃？哪一家餐廳能吸引更多顧客？哪一家更賺錢？答案不問而知。只為賺錢的那個反而賺不到錢，用心做好的那個，他的努力便以金錢作回饋。同樣地，一個只為賺取佣金的「老 Sales」，和一位懂得「欲擒故縱」、取得客戶信任的推銷員，誰能賺取更多佣金？簡言之，**工作就是要「做好」，當你真正「做好」時，金錢便會隨之而來**。

「老 Sales」例子

S：推銷員　**C**：客戶　**地點**：電器店

S：先生想搵啲咩呀？

C：我想睇吓啲電視機。

S：以電視機嚟講呢，而家都係韓國牌子比較多人用，三 X 啦、LX 啦都好受歡迎。而家我哋仲做緊優惠，鍾意邊款可以同你介紹番。

C：哦……（韓國真係好？）

S：唔好介意，你本身有冇預算幾多錢買電視機？

C：冇㗎。（有都唔講出嚟啦，畀位你 sell 我咩？）

S：咁你心目中有冇想買幾大 size 嘅機？

C：37 至 40 吋啦。

S：好呀，介紹番先生呢款韓國機……
（下省一千字產品說明）

C：哦……但價錢好似有啲貴……

S：其實唔貴㗎喇，好老實講而家買韓國機都差唔多價錢，而家已經做緊優惠，遲啲你返嚟買可能仲貴咗。

C：我再考慮吓先啦。

好 Sales 例子

S：先生想搵啲咩呀？

C：我想睇下啲電視機。

S：你係換機定係買新機㗎？

C：我而家睇緊個電視機壞壞哋，想換一部新嘅。

S：咁你本身嗰部係咩機嚟㗎？

C：三 X 嘅 40 吋電視機。

S：而家電視機都有好多牌子，韓國、日本以至大陸都有。你本身有冇話想搵咩牌子？

C：嗯……有咩唔同呢？

S：日本牌子一般耐用啲，而且售後服務、維修保養呢啲都好啲，但價錢就相對貴啲；韓國嘅質量都 OK 嘅，不過售後服務差啲，性價比計都抵用；國內牌子就主要係價錢取勝。

C：咁呀……都好似好難揀喎……

S：你而家用開三 X，有冇覺得有咩問題？

C：都冇嘅，我都覺得幾好。

S：其實三 X 都算係韓國電視機品牌龍頭，質量有保證，你用過覺得好我就建議你 keep 住唔好轉，免得轉咗先發覺唔啱。加上三 X 品牌旗下嘅 Smart TV 款式比較多，你本身有冇用緊 Smart TV ？

C：冇呀。

S：咁你就趁呢個機會換埋佢啦，你用部 Smart TV 上網睇片，畫面大啲舒服啲之餘，仲可以成家人一齊睇，爽好多㗎。

C：係呀，平時用手機或者平板電腦睇，因為 mon 太細，睇一陣就好攰。咁三 X 而家有咩選擇？

S：不如你睇下呢個型號啱唔啱……（下省一千字產品說明）

C：哦……價錢好似有啲貴喎……

S：其實貴唔貴睇你同咩比啫，韓國牌子其實都係差唔多價錢，除非你轉用國內牌子，價錢會平啲，視乎你對國內牌子有冇信心。

C：嗯……國內牌子未用過，真係唔知喎……

S：電視日日都睇，最好都係揀番啲有信心㗎啦，冇電視睇幾慘，喺屋企實悶死。雖然保養期內維修唔洗錢，但阻到你平時返工或者放假時間都麻煩啦。

C：咁都啱……有冇得分期付款……

讓我先分析一下「老 Sales」的失敗原因：

S：先生想搵啲咩呀？
C：我想睇下啲電視機。
S：以電視機嚟講呢，而家都係韓國牌子比較多人用，三X啦、LX啦都好受歡迎。而家我哋仲做緊優惠，鍾意邊款可以同你介紹番。

客戶只說出自己想買電視機，「老 Sales」便急不及待地推薦產品，明顯是重視自己的利益多於客戶，也許那些都是佣金比例較高的產品。你認為客戶這時會有甚麼感覺？

C：哦……（韓國真係好？）

客戶不信任，便不會跟推銷員說出真心話，更會自己胡思亂想，對推銷員來說當然是不利。

S：唔好介意，你本身有冇預算幾多錢買電視機？
C：冇㗎。（有都唔講出嚟啦，畀位你 sell 我咩？）

「老 Sales」為自己利益繼續進迫客戶，增加客戶的不信任程度。

S：咁你心目中有冇想買幾大 size 嘅機？
C：37 至 40 吋啦。
S：好呀，介紹番先生呢款韓國機……（下省一千字產品說明）

直至這一刻，客戶提供的資料就只有電視機的尺寸，但「老 Sales」為了儘快成交，已經沒耐性等了。

C：哦……但價錢好似有啲貴……
S：其實唔貴㗎喇，好老實講而家買韓國機都差唔多價錢，
　　而家已經做緊優惠，遲啲你返嚟買可能仲貴咗。

雖然這時「老 Sales」好像十分重視客戶利益，怕客戶錯過優惠而買貴了（假設是真的），但由於雙方從未建立信任，客戶也不會相信「老 Sales」的說話——即使這是事實。

C：我再考慮吓先啦。

客戶給予這個答案，是正常不過的結果。

再看看好 Sales 的例子：

S：先生想搵啲咩呀？
C：我想睇吓啲電視機。
S：你係換機定係買新機㗎？

要獲得客戶信任，要先「縱」，把他的利益置於自己利益之上，而了解客戶的需要就是重視他利益的表現。

C：我而家睇緊個電視機壞壞哋，想換一部新嘅。
S：咁你本身嗰部係咩機嚟㗎？
C：三 X 嘅 40 吋電視機。

S：而家電視機都有好多牌子，韓國、日本以至大陸都有。你本身有冇話想揾咩牌子？

C：嗯……有咩唔同呢？

S：日本牌子一般耐用啲，而且售後服務、維修保養呢啲都好啲，但價錢就相對貴啲；韓國嘅質量都 OK 嘅，不過售後服務差啲，性價比計都抵用；國內牌子就主都係價錢取勝。

推銷員提出選擇，客戶不會感到被推銷，反而認為自己在作出符合利益的決定。

C：咁呀……都好似好難揀喎……

S：你而家用開三 X，有冇覺得有咩問題？

C：都冇嘅，我都覺得幾好。

S：其實三 X 都算係韓國電視機品牌龍頭，質量有保證，你用過覺得好我就建議你 keep 住唔好轉，免得轉咗先發覺唔啱。加上三 X 品牌旗下嘅 Smart TV 款式比較多，你本身有冇用緊 Smart TV ？

C：冇呀。

S：咁你就趁呢個機會換埋佢啦，你用部 Smart TV 上網睇片，畫面大啲舒服啲之餘，仲可以成家人一齊睇，爽好多㗎。

C：係呀，平時用手機或者平板電腦睇，因為 mon 太細，睇一陣就好攰。咁三 X 而家有咩選擇？

S：不如你睇下呢個型號啱唔啱……（下省一千字產品說明）

客戶感到自己的利益受到重視，主動要求推銷員作出建議，是信任的表現。

C：哦……價錢好似有啲貴喎……

S：其實貴唔貴睇你同咩比啫，韓國牌子其實都係差唔多價錢，除非你轉用國內牌子，價錢會平啲，視乎你對國內牌子有冇信心。

C：嗯……國內牌子未用過，真係唔知喎……

S：電視日日都睇，最好都係揀番啲有信心㗎啦，冇電視睇幾慘，喺屋企實悶死。雖然保養期內維修唔洗錢，但阻到你平時返工或者放假時間都麻煩啦。

推銷員再次以客戶利益為先，將客戶的憂慮轉化為他非買不可的理由。只有這樣的推銷員，客戶才有信心跟他交易。

在以上兩個例子中，「老 Sales」只着眼於如何賣出產品，把自身的利益置於客戶利益之上。客戶尚未知道產品能夠為自己帶來甚麼利益，「老 Sales」便急着要成交了，那結果當然是失敗。好 Sales 則先關注客戶的利益，像朋友一樣為客戶提供意見，讓他找到適合自己的產品。請謹記**推銷員若能以客戶利益為先，客戶必以成交回饋**。

爆數☆金句

★★★

不想成為「老 Sales」，
請把客戶的利益，
置於你的個人利益之上。

★★★

★★★

任何人都只會相信他信任的人，
如果他不信任你，
即使你講的是事實，
他也未必相信。

★★★

★★★

工作就是要「做好」，
當你真正「做好」時，
金錢便會隨之而來。

★★★

第二章 識做一定做Sales？

一生至少要做一次全職推銷員

曾經在網上看過一篇文章，叫〈一生至少要做一次的 52 件事〉，作者列出了 52 件一生人至少要做一次的事（對不起我講了廢話），包括善始善終的養一隻寵物、自由行到遠方一段日子、學習並精於一種運動等，當這 52 件事都做過後，人生就有豐富的經歷，也就算是不枉此生了。

如果要我提出一件一生人至少要做一次的事，我會建議別人**一生至少要做一次全職推銷員，時間不少於一年，而且越年輕做越好**。

推銷員是一種令人快速成長的職業，它是一個既現實又殘酷的戰場，在這裡每個人都有一套生存方式，有的人靠專業，有的人靠關係，有的人靠誠意，有的人靠美貌，有的人靠死纏爛打，有的人以上皆有，但無論你用甚麼方法，你的表現都反映在數字上，絕不含糊。**這個戰場沒有好人壞人，只有成交與不成交**，亦只有強者能夠笑到最後。要在戰場上站得住腳，你必須能言善道、樂觀積極、笑罵由人、鍥而不捨、腦筋清醒、膽大心細、耳聽八方、面面俱圓……（下刪四字詞語一百個）更重要的是你**必須在短時間內具備這些條件，因為業績不等人**。

推銷員的入職門檻不高，但要做得好、做得長卻不容易。能夠闖得過去，做出一點成績，你的個性或思想總會有一些過人之處。這種鍛鍊會令人生變得更快樂、更成功。

銷售看人生

宇宙最強的推銷員 Joe Girard，是銷售史上最傳奇的人物，身為推銷員而不認識 Joe Girard，就好像音樂家不認識貝多芬一樣不可思議。他被健力士世界紀錄大全譽為「世界最偉大的推銷員」，以下是一些他所創造的紀錄：

1. 平均每天銷售 6 輛車；
2. 最多一天銷售 18 輛車；
3. 一個月最多銷售 174 輛車；
4. 一年最多銷售 1420 輛車；
5. 在 15 年的銷售生涯中總共銷售了 13001 輛車。

Joe Girard 網上檔案：

然而，這樣厲害的推銷員，你猜他的成交率大概是多少？答案是 50% 左右，也就是說他 15 年內成交了 13001 宗生意，但同時也失去了 13001 宗生意。

像 Joe Girard 這種不世奇才，成交率都只是一半，以我和各位讀者這種平庸之輩，成交率應該在 20% 左右。這是根據「八二法則」估計出來的，雖然不一定準確，但十次銷售中，不成交比成交的多，這個結論應該是錯不了的，那真的如俗語所說「不如意事十常八九」。**被客戶拒絕，是推銷員必定會遇上的情況**，被拒絕後情緒低落也是很自然的，但**如何令自己從低落的情緒中調節過來，從新上路，就是情緒管理的一大鍛鍊**，我實在很難想像一個「苦口苦面」的推銷員會有驚人業績。你總試過遇上一些滿肚子牢騷的推銷員，他們天天在抱怨客戶麻煩、產品不夠競爭力、公司制度不夠完善等等，他們說的也許是事實，但奇怪的是他們雖然有諸多不滿，卻從沒想過另謀高就。說穿了，他們是想把業績不好的責任推卸到其他事情上，好讓自己心理上不必面對自己工作表現不好這個事實，亦因此而成為了一個「負能量發電機」。如果你身邊都有這一種「負能量發電機」，我勸你應該減少與他交往，因為負能量是可以傳染的。

然而，成功的推銷員也會有負能量，只是他們能夠調整思想，把負能量抑壓下來，甚至把負能量轉化為正能量。推銷員克服負能量的方法，就是**為困難找方法而不是找藉口**。假設你用了一套無效的說話技巧跟客戶推銷，你認為以下兩種方法，哪一種才能有效地解決問題？

1. 重新構思另一套銷售話術。
2. 抱怨客戶對你的說話不為所動。

顯而易見，1才是解決問題的方法。成功的推銷員每天都在想方設法的跟客戶成交，因為**世上沒有兩個完全一樣的客戶，所以也沒有兩次完全一樣的銷售**，在想方法的過程中，你是在解決問題，所以正在釋放正能量。而2所做的是逃避／推卸問題，釋放的是負能量，兩者就是成功和失敗之間的分別。

成功的推銷員，是一個充滿正能量的人；這種正能量，不單有助於工作，對人生亦有裨益。人生路上難免會遇上挫折，只管怨天怨地怨政府的人很難擁有一個快樂的人生，他們不能從負面的情緒中調節過來，因為負能量太強。一個人的負能量對他的人際關係、家庭甚至健康都有莫大的壞處，即使是首富，但每天都活在悲傷之中，這種人生又有何意義？

一個成功的推銷員，對負能量的控制與克服已早有經驗，因此待人接物、情緒管理、行動信念等處世技巧都有所增進，這些智慧將令你受用一生。**不少商家、企業高層都曾經有過推銷員的歷練，為日後的成功奠定基礎**：

李嘉誠——華人首富，白手興家的香港傳奇人物。12 歲當手錶帶推銷員，17 歲當玩具推銷員，19 歲成為公司的總經理。

黎智英——壹傳媒創辦人，年輕時曾擔任銷售經理。

楊受成 —— 英皇集團創辦人，年輕時曾在家人的鐘錶店工作，向客人推銷鐘錶。

施永青 —— 中原地產創辦人，創業前曾於地產發展公司任職，負責樓宇租賃及銷售工作。

蔡志明——旭日國際集團董事局主席，中學預科畢業後在玩具工廠擔任推銷員，後有「玩具大王」的稱號。

宗慶後——娃哈哈集團創辦人，曾在家鄉杭州任推銷員。

許家印——曾在一家連鎖商店當推銷員，先後升任辦公室主任和公司總經理，及後創辦恆大集團。

Lee Iacocca——從汽車推銷員做起，在 36 歲時成為了福特汽車公司副總裁。

Ray Kro——麥當勞快餐店的創始人之一，曾任紙杯和奶昔機推銷員。

在我 19 歲那年，我從事了人生第一份銷售工作，那是一份十分艱辛，同時又影響我一生的工作。沒有這份工作，我的人生或許要改寫。

初嘗做推銷員的苦頭

那年我剛考完高考，因此有一個接近四個月的長假期。為了充實時間及賺點零用錢，我開始找工作。由於沒有學歷支持，能找的工作並不多，輾轉之間，我找到了一份寬頻推銷員的工作，也就是那些俗稱「街霸」的街頭推銷員。

我被安排到一個約十個人的「街霸」小組裡。在街頭做銷售，感覺跟踢足球有點相似。法定時間九個小時，如果能在首兩小時內開出一張單，那天餘下時間的心情便會比較踏實，再等到「燕梳」（insurance，保險）的第二張單出現，那天甚至可以提早下班。相反，如果那天遲遲未有生意，時間一分一秒的過去，加上「老細」龍哥（真名）每隔幾個小時就來電「捽數」，心情便會越來越焦急，所以生意淡薄那天的時間一般都過得特別快。

龍哥「捽數」也不是兒戲的，業績不好的一天真的會被「X到開花」。若把小組內每個組員的業績做個排名榜，我的成績會長期處於榜末。我最差的紀錄是連續四天零業績，能夠差到這個程度，確實有點不可思議，因此我被「X」的次數是最多，程度也是最深的。

被「X」後，我有着大部分年輕人都有的抱怨：「就算係我阿媽都未試過咁樣鬧我……」在家千日好，然而踏足社會，就是要離開溫室，而初次踏足社會便做「街霸」，更是從溫室一下子走進地獄，體驗到一種極大的反差。

粗口的力量

在業績持續低迷的情況下，龍哥不得不想法子。有一天下班後，龍哥帶我到一個地方坐下來談了很久，這番話對我將來的推銷員生涯影響很深，我把一些重點節錄如下：

「其實我哋一日喺條街咁 X 多個鐘頭，等嘅都係兩三個機會。你問心，你信唔 X 信咁長時間連兩三個機會都冇？你信有同冇都係啱，因為你信冇就會冇，但你信有亦都一定會有。」

「你自問係唔係比人差？如果唔係點解人哋做到你做唔到？唔好為自己嘅失敗搵藉口，如果真係要搵個藉口，就係你自己未盡力、未搵啱方法。」

「你以為你死狗咁對住個客就叫好？有啲客要 X 住嚟 sell，到最後你 X 完佢，佢仲會好開心咁買嘢。」（這個層次有點高，我在累積了一點社會經驗後才明白。）

「啲客話諗諗先，轉頭返嚟搵你，你咪 X 真係信佢，你以為 Sell 屎現實，其實啲客仲 X 現實過你，同邊個買都一 X 樣，點解要專登返嚟？」

「做得 Sell 屎就唔好怕畀人拒絕，呢啲唔係叫厚面皮，係堅持！你老母唔係 10 級痛都堅持生，邊 X 度有你？」（龍哥也許不知有剖腹產子的選擇。）

與過往一般的「捽數」不同，龍哥這次不是單純的情緒發洩，而是循循善誘地讓我知道甚麼是推銷員應有的態度。而龍哥講粗口也是適時的、到位的，有需要時加上一個「X」字，令一句平平無奇的說話變得氣勢磅礴，再次證明**溝通的重點不是內容，而是表達方式**。

聽畢龍哥的一席話，果真勝讀十年書。因為香港的教育制度，只着重知識的灌輸，而忽略了智慧的啟發。在學校裡我們學到了很多學術上的知識，但從沒有人跟我討論過信念、毅力和態度這些畢生受用的人生智慧。在這次工作經歷後，我才真正知道「搵食」是甚麼一回事。

勤奮、心態、技巧

初次體會社會的人情冷暖，我才知道求學的生活是多麼幸福的。在完成了寬頻推銷員的暑期工後，我繼續升學，期間也有利用課餘的時間兼職做不同產品的推銷員，直至大學畢業後正式投身社會，我也是從事推銷員的工作。

在累積了一定的推銷經驗後，我發現很多推銷員也有我當年做寬頻推銷員的影子，他們**刻苦耐勞、工時超長、意志堅定、態度積極，但就是沒有業績**。我相信他們在任何企業裡都是難得的好員工，但為何他們正在接受一份性價比極低的薪水？更要每天提心吊膽，害怕被「捽數」，甚至裁員？

歸根究底，他們都忽略了一個重點：**推銷員除了要工作勤奮和心態積極，還需要有熟練的銷售技巧。**試想像你在森林裡砍樹，每天由睜開眼的一刻便開始工作，而且敬業樂業，從不抱怨，但你竟用一把水果刀砍樹，真的是在「刀仔鋸大樹」，最終工作成果會如何也不問自知。同樣地，銷售技巧好比推銷員手中的工具，用作引導客戶、激發慾望、加快成交等等，其重要性不下於勤奮和態度。

為了令推銷員能好好掌握並善用手中的工具，我把自己在銷售上的所見所聞所學，寫成此書，亦希望此書能成為推銷員手中無堅不摧的利刃，一一破解銷售路途上的問題。

★ ★ ★

爆數☆金句

★ ★ ★

一生人至少要做一次全職推銷員，
時間不少於一年，
而且越年輕做越好。

★ ★ ★

★ ★ ★

成功的推銷員，
是一個充滿正能量的人。

★ ★ ★

★ ★ ★

推銷員除了要工作勤奮和心態積極，
還需要有熟練的銷售技巧。

★ ★ ★

Selling Tips 2 人肉Catalogue

「人肉 Catalogue」是指一些只懂背誦產品資料的推銷員，客戶跟他們說話，就好像跟一本有生命的銷售說明書說話一樣，整個銷售過程淡而無味，講的沒趣，聽的「無癮」。

大部分企業為推銷員提供的培訓都是以產品認識為主，企業管理層認為只要推銷員對產品知識倒背如流，便等如具備了推銷的條件，因此便培訓出一批「人肉 Catalogue」。但其實**熟讀產品資料只是基本條件，只憑這一點功夫，是不可能成為一個成功推銷員的**。在「人肉 Catalogue」式的培訓下，很多推銷員以不斷重複強調產品優點作為銷售策略，一方面因為他們確實擁有十分豐富的產品知識，另一方面是因為他們是「任一招」(前金管局總裁任志剛的綽號）——銷售技巧只有一招。他們大概以為只要把產品的優點無限放大，客人便會買下產品。但事實是這樣嗎？

嘗試從另一角度思考，世上會不會有推銷員說自己的產品不行？你說你的好，難道同行對手就會說自己的不好嗎？如果不斷講解商品優點就能促成交易，那人的價值在哪裡？

推銷員的「百合匙」

「人肉 Catalogue」不論對着任何客人，都只有一套標準話術，期望能「撞中」一些認同他說話的客戶，從而達成交易。這好比你拿着一把鑰匙，胡亂找尋一扇能開啟的門。雖然總有這麼一扇門存在，但這是純粹靠運氣的做法，全無策略可言。

成功推銷員手上拿的那把鑰匙，是可以開啟不同門的百合匙。若你不知道客人在想甚麼，即使你的產品有 20 項專利技術，加上 100 位專業人士推介，那統統都是廢話。相反地，當你知道客人需要甚麼，只需針對性地講解產品如何滿足他的需要，成交機會就會大大增加。

《孫子兵法》告訴我們「知己知彼，百戰不殆」，「人肉 Catalogue」雖然成功做到「知己」，卻因為只着眼於產品，忘了「人」才是真正的銷售對象。不去了解客戶需要，自然無法「知彼」。孫子說：「不知彼而知己，一勝一負。」也就是說「人肉 Catalogue」至少比成功推銷員少一半客戶，因此我們除了知己，更要知彼。

要知彼就要跟客戶「起底」，而「起底」的內容沒有一定規限，客戶的工作、學歷、家庭狀況、朋友圈、嗜好、財政狀況、人生目標、性取向、習慣、政治立場等等資料，都可能對你的銷售有幫助。當然你不必像警察審犯一般向客戶提問，否則客戶可能以為你有精神病，或以為你對他有不軌企圖。

人為甚麼要吃飯？

要做好「起底」工作，便要學懂發問。發問的方式有很多種，可以是直接的、間接的、開放式的、封閉式的問題，不管用哪一種方式發問，目的都是要找出客戶的需要。其實很多推銷員都明白「起底」的重要性，但往往**因為焦急，在「起底」功夫還未做得足夠前便開始推銷，錯判了對方的需要**，白白錯失了生意。

舉例，人肚子餓了便要吃東西，吃過東西便會飽，如果你就此判斷人吃東西是為了飽腹，那你便錯了，因為人吃東西是為了生存。同樣地，假設你是一位投資顧問，客戶告訴你他希望投資賺錢，你因此便認為客戶的需要是賺錢，那你便錯判了他的需要，因為錢只是一種工具，是他為了達到某種目的的工具，那個「某種目的」才是他的需要。

了解客戶需要甚麼之後，你才把產品資料中能滿足客戶需要的重點，針對性地告訴他，這樣成交的比率便能大大提高。

「人肉 Catalogue」例子

S：推銷員 **C**：客戶 **地點**：金融機構

S：先生有冇興趣投資現貨黃金？介紹番畀你呀。

C：唔識喎，未玩過。

S：其實投資現貨金有好多好處，首先佢係全球市場，所以人為控制市場嘅機會好細，對小投資者公平好多。由於佢可以買升同買跌，所以無論咩市況都有入市賺錢嘅機會。現貨金價格每 1 蚊美金波幅等如港紙 780 蚊，即係話如果當日你買升，而金價當日升咗 5 蚊美金，咁每張合約你就賺港紙 3900，回報好快。而家公司仲有開戶優惠，頭一個月免手續費，真係好着數㗎。

C：嘩……有冇咁易賺錢呀？呢個世界仲有窮人嘅？

S：風險當然有啦，但我哋會有專人幫你操盤，每次入市都會設定止蝕位，例如每次止蝕位定喺 3 蚊，就算睇錯都係蝕 3 蚊，但睇啱就可以賺好多。

C：睇啱梗係可以賺啦，我都知阿媽係女人。

S：我哋公司有一個投資數據分析部門，每日都會睇實個市嘅走勢，同埋留意住世界各地唔同嘅消息，幫你睇準個位入市，我哋都想你贏錢㗎嘛。

C：我覺得都係唔啱我，遲啲先諗啦。

成功推銷員例子

S：先生而家有冇做開咩投資㗎？

C：都有嘅。

S：咁而家投資緊啲咩呢？

C：有做下定期同買股票囉。

S：明白，手頭上揸緊啲咩股票呀？

C：主要係藍籌股為主啦，穩穩陣陣收下股息。

S：如果定期加埋股息，一年回報有幾多厘呀？

C：大概 5 厘左右。

S：咁你投資有冇咩目的呢？

C：梗係想賺多啲啦，想快啲儲夠首期買樓。

S：咁而家距離你嘅目標仲有幾多？

C：都仲有好遠……樓價係咁升……

S：咁你知唔知點解會咁？

C：點解呀？

S：因為你個投資組合太保守，只係可以啱啱跟得上通脹。如果你想用投資賺到筆首期，就一定要搵一啲進取啲嘅投資方法。

C：嗯……咁應該點做呢？

S：首先，高回報嘅投資項目，風險相對上一定高啲，呢樣嘢你接唔接受到先？

C：OK，我明白嘅。

S：因為風險高嘅關係，所以我只會建議你用小部分嘅資金去做呢方面嘅投資，數目唔會多過你總投資額嘅 20%。可唔可以講到畀我知大約係幾多錢？

C：大約 6 萬左右啦。

S：OK，呢 6 萬蚊就係用嚟做進取型嘅投資，目標係每月 8-15% 回報，即係 4 千至 1 萬蚊左右一個月，風險就控制喺 10% 之內。你覺得咁樣嘅部署合唔合符你要求？

C：就咁講梗係好啦，做得到先得㗎。

S：我當然係有方法先會咁樣講，你覺得咁樣嘅部署合唔合符你要求？如果你覺得合符，我就繼續講點樣做。

C：都合符我嘅要求嘅。

S：好，我講緊嘅投資方法其實係現貨黃金投資……(講解現貨黃金投資機制、優點及風險等等)

在「人肉 Catalogue」的例子中，推銷員只是講解產品細節，完全忽略了客戶的需求，客戶不知道產品能怎樣滿足他的需求，自然不會有購買的慾望。

讓我們來分析一下成功推銷員例子的成功因素：

S：先生而家有冇做開咩投資㗎？
C：都有嘅。
S：咁而家投資緊啲咩呢？
C：有做下定期同買股票囉。
S：明白，手頭上揸緊啲咩股票呀？
C：主要係藍籌股為主啦，穩穩陣陣收下股息。
S：如果定期加埋股息，一年回報有幾多厘呀？
C：大概 5 厘左右。

推銷員先以幾條問題作初步的「起底」，掌握客戶的情況，從而發掘自家產品能如何滿足他的需要。

S：咁你投資有冇咩目的呢？
C：梗係想賺多啲啦，想快啲儲夠首期買樓。

要正確判斷客戶的需要，就要了解他行為背後的目的是甚麼。在這個例子裡，投資只是手段，客戶的需要是置業，這就是打開他心扉的鑰匙，他親手交了給你。

S：咁而家距離你嘅目標仲有幾多？
C：都仲有好遠……樓價係咁升……

進一步掌握了客戶的情況，已經差不多可以出招了。

S： 咁你知唔知點解會咁？
C： 點解呀？

這是反客為主的一條問題。在客戶自己道出現實與理想的落差後，推銷員拋出一個引導性的問題，客戶對這個話題開始感興趣，但又不懂回答你的問題，腦海一片空白，等待着你解答。這時客戶的腦袋就像海綿一樣，會源源不絕的吸收你的意見。

S： 因為你個投資組合太保守，只係可以啱啱跟得上通脹。如果你想用投資賺到筆首期，就一定要搵一啲進取啲嘅投資方法。

提出解決方法，嘗試影響他過度保守的投資觀念。

C： 嗯……咁應該點做呢？

客戶主動向推銷員詢問解決方法，是十分正面的信號。

S： 首先，高回報嘅投資項目，風險相對上一定高啲，呢樣嘢你接唔接受到先？
C： OK，我明白嘅。

要影響他過往的投資觀念，不能期望一步到位，要慢慢在各個細節取得共識。

S：因為風險高嘅關係，所以我只會建議你用小部分嘅資金去做呢方面嘅投資，數目唔會多過你總投資額嘅 20%。可唔可以講到畀我知大約係幾多錢？

C：大約 6 萬左右啦。

在風險程度上取得共識後，再與客戶共同訂立投資預算。

S：OK，呢 6 萬蚊就係用嚟做進取型嘅投資，目標係每月 8-15% 回報，即係 4 千至 1 萬蚊左右一個月，風險就控制喺 10% 之內。你覺得咁樣嘅部署合唔合符你要求？

在各個小節上取得共識後，便可以拋出一個「需求滿足方案」予客戶。值得一提的是一些用字上的考究，如講述回報時把回報率及利潤同時告訴客戶，而提及風險時只提及損失比率，這樣可將客戶的注意力放在回報，而不是風險上。

C：就咁講梗係好啦，做得到先得㗎。

要得到客戶同意，並不是一件容易的事。

S：我當然係有方法先會咁樣講，你覺得咁樣嘅部署合唔合符你要求？如果你覺得合符，我就繼續講點樣做。

這個回應十分關鍵。推銷員必須堅持與客戶在這個骨節眼上取得共識，因為當客戶說出了這就是他想要的產品時，意味着他的需求能夠被滿足，購買的慾望亦因此大大提高。

C：都合符我嘅要求嘅。

聽到這句話後才開始講解產品，便會事半功倍。

S：好，我講緊嘅投資方法其實係現貨黃金投資……
（講解現貨黃金投資機制、優點及風險等等）

這時客戶所聽的不是純粹的產品資料，而是為他達成置業大計的部署。

從以上例子可見，在推銷員的佈局下，成功引發了客戶的購買慾望，比起「人肉 Catalogue」的手法有效得多。學懂這種佈局，雖不能令你一夜致富，但卻能提升你的銷售效率。

爆數☆金句

★★★

「人肉 Catalogue」只有一招，
就是不斷重複強調產品優點。

★★★

★★★

成功推銷員手上拿的那把鑰匙，
是可以開啟不同門的百合匙。

★★★

★★★

「起底」就是要
知道客戶的需要是甚麼。

★★★

第三章 吹

大家有沒有聽過「摺衫器」這種工具？這是一項十分偉大的發明，它不僅可以減省做家務的時間和工夫，更是具備親子教育功能的一件神器，你說厲不厲害？

「摺衫器」顧名思義就是摺疊衣服的工具，把衣服放上去，按着一定次序左右上下摺疊，不消一會衣服便摺得整整齊齊。按照這個方法，每一件衣服摺出來的形狀大小都是一樣的，不僅省卻了很多貯存空間，而且十分美觀。

在家品店遇上推銷高手

這個工具如果索價 68 元，你會買嗎？十多年前，一位家庭主婦在家品店看見這個產品，她站着看推銷員的示範，然後說：「衫就咁用手摺都得啦，要多個咁嘅嘢擺喺屋企做乜？」

推銷員回答說：「阿靚姐，呢個摺衫器唔係畀你用㗎，係買番去畀你啲仔女用㗎。你平時喺屋企叫啲仔女幫手摺下衫，佢哋一係求其摺，一係就索性唔摺。你同佢哋講呢個玩具係用嚟摺衫嘅，畀佢哋試下玩，佢用完見啲衫咁靚咁整齊，下次又會再用嚟摺衫，久而久之就養成做家務嘅習慣，呢啲好習慣要由細開始養成㗎。」

這位家庭主婦立時茅塞頓開，原來小小的一個摺衫器背後有如此深遠的意義。她立即拿出 68 大元，並高興地由推銷員手上接過摺衫器，滿心歡喜的回家去。她，是我的母親。

的確，初次看見這個工具，給我帶來了一點新鮮感，因此我試着用它去摺疊衣服，看見自己的「作品」也有一點滿足感。然而日子久了，與生俱來的惰性戰勝了滿足感，摺衫器不知被遺棄在家中的哪一個角落，最後還是覺得用雙手去摺衣服比較方便快捷。

摺衫器雖然已經不知所蹤，但那位推銷員卻令我留下深刻的印象，因為他成功地示範了**推銷員的重要職能之一——價值昇華**。

價值昇華，吹得燦爛

科學一點來說，當初家母不願購買，是因為她純粹以方便做家務的角度來衡量，摺衫器所帶來的價值低於她需要付出的代價。但當推銷員發表了「教仔論」後，摺衫器的價值忽然以倍數急升，68 元的摺衫器變得物超所值，家母當然乖乖付錢購買。**同一產品、同一售價、同一對象、同一時間，因為推銷員賦予它不同價值，得出了不同的結果，所以推銷員應該把自己視為提升產品價值的「價值魔術師」**。

說得動聽，但拆穿了還不是一個字——吹！

這裡的「吹」並不是說謊，而是把一些事情放大、複雜化。客戶初次接觸產品，看到的只是產品的表面，推銷員要「吹得」，就要學懂運用說話技巧，**令產品為客戶帶來的利益，比客戶表面所理解到的價值至少提升兩個層次**。以下是一些例子：

行為	表面價值	第一層昇華	第二層昇華
購買 健身會籍	做運動 keep fit	追求 漂亮外表	提升個人 魅力， 吸引異性
訂造西裝	上班穿着	予人能幹 的形象	工作上得到 更多機會
購買 名貴手袋	追上潮流， 愛美	作為努力 工作的獎勵	自己搵到錢 自己買， 唔洗靠 男人送！
情人節買花 送給女朋友	慶祝節日	向女朋友 表達愛意	讓女朋友 在同事面前 「晒命」

推銷員一「吹」再「吹」，只想追趕一些生活最基本需要，就是成交。當**價值昇華後，售價相對上便顯得便宜**，客戶覺得「抵買」，成交便不成問題。

★★★

推銷員為甚麼要學「吹」？

我們常常強調「價值」，究竟甚麼是「價值」？

價值不同於價格，價格是購買一件商品時付出的金錢代價，這是一種客觀的、可量化的數值。然而價值是相對的、主觀的，是人對事物的偏好、取向、喜惡的一種觀念，也就是價值觀。**產品本身只有價格，沒有價值，它的價值是由人的價值觀所賦予的。**

每個人都有自己一套獨一無二的價值觀，形成價值觀的因素多不勝數，包括性別、種族、年齡、教育水平、社會文化、家庭背景、成長經歷等等，例如男性普遍認為事業最重要，女性則多數以家庭為先；中國人比較含蓄，西方人比較勇於表達自我；上一代人認為工作是為了生活，80 後認為工作與生活應該要取得平衡；小時候男生跟女生玩會被人取笑，長大後男生跟女生玩會惹人妒忌等等，都是因為價值觀不同所導致的。

客觀的事物沒有甚麼爭議性，沒有人會無聊到跟你爭論一加一是否等於二，但主觀的價值則可以爭辯個天昏地暗。當你跟別人談論某個歌星唱歌好不好聽、某個演員懂不懂演戲時，大家引經據典、旁徵博引，你說我膚淺，我說你粗疏，鬧了半天還是各持己見，這是因為大家價值觀有異，所以對客觀的事物有不同的取向。黃子華的電視劇金句：「**世界很簡單，人類很複雜。**」所說的大概就是人類因為價值觀不同而產生矛盾。

變幻才是永恒

價值觀是主觀的，所以才有改變的可能。觸發這些改變的因素有很多，借用佛家語，這些因素大致上可分為「頓悟」和「漸悟」兩種。

「頓悟」就是在短時間內改變價值觀，通常是**由一些外來的衝擊所造成，而且改變是明顯而極端的**。例如一個原本「爛蒲爛玩」的花花公子，遇上心愛的女人後修心養性，用情專一（請記着這只是一個例子）；又或者你原本是某個明星的粉絲，但忽然傳出了有關他吸毒的醜聞，令你突然對他徹底失望。

「漸悟」跟頓悟剛好相反，指**價值觀在循序漸進的過程中改變**。例如你跟某位異性由朋友關係開始，經過相處和了解後互生情愫，再發現自己已經深愛着對方，這就是俗語說的日久生情；一位年輕的「月光族」，夜夜笙歌隨時行樂，但成熟後漸漸認為要計劃自己的將來，因而開始養成儲蓄和投資的習慣。

推銷員的「吹」，令產品的價值昇華，就是為了促成客戶的頓悟或漸悟。**頓悟一般適用於對產品有一定程度抗拒的客戶身上**，因為要使他們的價值觀有大幅度的轉變，才能引起其購買慾望。而且，**頓悟需要外來衝擊的協助**，家母購買摺衫器的例子，就是一個頓悟。「教仔論」帶給她一個從來沒有的價值觀，也就是外來衝擊。所以當推銷員要採取頓悟策略時，記緊要借用一些外來力量。保險公司在災難後增加投保額，就是因為人們都因災難而頓悟了。

漸悟則適用於一些對產品沒有太多抗拒，但又沒有明顯購買慾望，俗語形容為「唔嗲唔吊」的客戶，他們的漸悟可能長達數月甚至數年。在業績不等人的現實下，我建議推銷員把他們放在較次要的處理位置，但也要適時在客戶面前「泣泣樣樣」，節日問候、生日問候、大小事問候，總之要把握每個機會問候客戶及他的家人，讓他的腦海中永遠有你的存在。

無論是頓悟或漸悟，由於價值觀是可變的，因此**所有價值觀都是暫時性的**。推銷員了解價值觀是甚麼，對銷售有極大幫助。不了解價值觀是甚麼的推銷員，被客戶拒絕後認為這是 dead case，以後放棄開發，變相少了一個機會。但當你了解過價值觀的暫時性後，你會**把客戶的拒絕理解為他暫時的價值觀所致，他終有一天會改變的**。然後把他放進你的觀察名單內，將來有機會改變他的價值觀時再向他推銷，這樣的銷售觀念是否積極多了？

視銷售為終生職業

再引用 Joe Girard 的例子，他從來不會放棄開發任何潛在客戶。即使潛在客戶打算五年後才買車，Joe Girard 也會把他放在跟進名單之內，每隔一段時間便致電潛在客戶噓寒問暖，更會每個月寄出不同設計的卡片，最高紀錄是每月寄出 1 萬 6 千張卡片。

即使潛在客戶沒有跟 Joe Girard 見面，一年下來也收到了他 12 張卡片，試問潛在客戶想起要買車時，第一個想到的會是誰？他所做的事看似簡單，但背後隱藏了一個很深遠的意義：**因為他把汽車推銷員視為終身職業，才會有這種耐性等待客戶；他等待的，是客戶價值觀改變的時機**。

廣告界有一句名言：「Out of sight, out of mind.」意思是：眼睛看不到的，內心也不會想起。要令消費者隨時想起你的產品，就要多作廣告宣傳，這個原則在銷售也管用。今時今日，由於資訊科技發達，推銷員要令客戶留下深刻印象，已經不需要像 Joe Girard 般定期寄卡片了，但是大原則還是一樣的，就是要**不定期的讓自己在客戶眼前出現，確保客戶在需要你的服務時，第一個想起的人就是你**。方法是利用 WhatsApp、Facebook、Email 等通訊工具，在節日或重要日子問侯客戶，或更新公司的產品資訊。我經常收到一位地產經紀的 WhatsApp，告訴我一些樓盤的資訊，內容都是非常簡單的，可能是一段簡短的信息，也可能是一張圖片。

坦白說，我通常都不會仔細閱讀，但當我有置業需要時，我一定會第一時間聯絡他，因為他一定在我 WhatsApp 的聯絡人名單上。

假如情況許可，還可以加入一些個人化的元素在信息裏，例如簽名、名人金句、頭像圖片等，把千篇一律的銷售信件、傳單、報價等，變成獨一無二的個人信息。你也許會覺得這樣做有點難為情，甚至很無謂，但請代入客戶角度想想，你只是他每天遇上的無數陌生人之一，你有甚麼與眾不同之處，令他記得你？前文提到 Joe Girard 會定期把自己的卡片寄給客戶，其實他的卡片也是經過特別設計的，他故意把卡片設計成橄欖綠色，也就是美鈔的顏色，讓人每次看見就如見到鈔票一樣高興。連客戶這麼微小的心理也照顧到，他的成功絕非僥倖。

很多把銷售視為「搵快錢」途徑的人，可能只將眼光放在未來半年，或只盤算着在兩三年間能賺到多少錢，所以只要客戶不能在短時間內成交，他們便會把潛在客戶拋諸腦後。試想想，世上有多少人是一見鍾情然後立即結婚的？不是不可能，只是機會不大，大部分情侶／夫妻都是經過一段時間的相處才終成眷屬的。銷售亦然，**如果你的目標是成為一流的推銷員，請你視之為終身職業**。你不難發現，優秀的保險經紀，客戶跟他買單是以十年計算的，現任客戶介紹新客戶的個案更是多不勝數。請問這是一個打算在保險業工作兩三年的人可以做到的成績嗎？

「吹銷」一刻值千金

社會上最厲害的「吹」並不在家品店裡，也不在百貨公司或美容院，而是在股票市場。股票市場「吹」的主要是投資（機）者的期望，當這種期望形成後，所創造的價值將會是天文數字。

2007 年 8 月，中國國家外匯管理局宣布在天津試行「港股直通車」，當時市場憧憬將有大量國內資金流向香港股市，恆生指數由當時的逾 19,000 點，急升至 10 月底時的 31,000 點，創下了歷史新高。但隨後時任國務院總理溫家寶表示暫緩實行方案，恆生指數翌日便急跌了 1,526 點。可見即使事情始終沒有發生過，但經過這麼一「吹」，人的期望改變，已足以對價值構成重大影響。

爆數☆金句

★★★

推銷員的重要職能之一
——價值昇華。

★★★

★★★

產品本身只有價格，
沒有價值，
它的價值是由人的價值觀所賦予的。

★★★

★★★

把客戶的拒絕理解為他暫時的價值觀
所致，他終有一天會頓悟／漸悟的。

★★★

★★★

不定期的讓自己在客戶眼前出現，
確保客戶在需要你的服務時，
第一個想起的人就是你。

★★★

有人說：「個客根本唔需要我嘅產品，可以點賣？牛唔飲水點拎得牛頭低？」

以需要為本的銷售技巧（Need-Based Selling），有一個前提假設，就是客戶知道自己需要甚麼。不過，你認為知道自己需要甚麼的人多嗎？

做一個簡單的實驗：找一個正在拍拖的朋友，問他理想的對象要具備甚麼條件，當他把條件告訴你後，再對比他現在的伴侶，看看是否完全符合他的條件，你不難發現現實和理想往往存在落差。如果你追問他為何會有這種落差，他又會說一堆理由去合理化這些誤差，其實真正的原因是：他根本不知道自己需要一個怎樣的伴侶。**定下條件的那個他是理性的，但動情的那個他的感性的**，兩者出現落差也不足為奇。最簡單的例子：每個女性都會說她要一個疼愛自己的男朋友，但現實中總有一些人正死心踼地愛着一個對她愛理不理的「衰佬」。

大部分人都不知道自己需要甚麼，或以為自己知道需要甚麼，所以以需要為本的銷售技巧有時並不管用。如果購買東西都只是為了滿足需要，那麼你認為人類需要甚麼？

人類和其他生物都有**兩種與生俱來的需要：生存和繁殖**。為了生存，我們需要食物提供營養和能量，維持身體機能運作，另外需要衣服保護身體，也要有住所供棲息。到了具備生殖能力時，我們便需要找尋另一半繁殖下一代，延續人類的基因。人類最原始的需要就只有這麼多，所以如果以需要為本，人類只需要四種推銷員：賣食物的、賣衣服的、賣樓宇的、賣伴侶的（先別跟我談道德）。

但現實中，推銷員的種類數之不盡，就算同樣是賣食物的，也有中英美意法日韓料理之分。如果只是純粹為了裹腹，你認為人類需要這麼多種食物嗎？**比需要更為重要、驅使人類文明進步的，是慾望的力量**。

要替「慾望」這詞下定義並不容易，我會把它形容為**爭取更好**的一種企圖心。再以飲食為例，以需要為本，人類茹毛飲血也可以維持生命，這樣就已滿足了生存的需要。但為了**更好**地滿足口腹之慾及衛生要求，人類開始吃熟食；進而各個民族為了**更好**地迎合不同口味，發展出各具特色的烹飪技巧，以滿足我們對食物的慾望。如果你問一個為了吃壽司在店外等上一個小時的人為甚麼要吃壽司，而他的答案是為了生存的話，他大有可能是乘坐時光機來到現代的原始人。

人類社會之所以會不斷進步，不是因為我們有需要，而是因為有慾望，慾望驅使我們在各個領域爭取更好、創造更好。同樣地，在銷售上，**慾望比需要更能令客戶跟你成交**。

在香港這個富裕的社會，產品和服務的選擇多不勝數，客戶又不是哲學家，不可能每天都在想自己需要甚麼，在這時分析客戶的需要便好像用一個壞的指南針找方向，只會徒勞無功。時至今日，企業開發產品時已經不再了解你需要甚麼，而是**開發了產品後，再引發你對它的慾望，讓你覺得自己需要它**。最佳例子莫過於蘋果的 iPhone。試想像如果 Steve Jobs 在發明 iPhone 前向消費者了解他們對手機的需要，再根據他們的需要去設計電話，iPhone 會是現在這個模樣嗎？相反地，是由於 Steve Jobs 對手機產品有遠見，把人們從未想像的功能配置在手機上，令人們對擁有 iPhone 的慾望瞬間爆發，因而成就了一項偉大的發明。

推銷員常常被客戶以「不需要」作為拒絕的理由，那是因為他真的不需要嗎？香港人幾乎每天都會收到推銷產品的 cold call，當中有很多在電話接通後的幾秒鐘便冷冷的拋下一句「不需要」，然後匆匆掛線。推銷員連作自我介紹也來不及，更遑論推銷產品。平心而論，客戶這時真的知道他不需要嗎？他只是不願被推銷，希望儘快結束通話，**「不需要」只是他的擋箭牌**。很多信奉以需要為本的推銷員亦因此被誤導，以為客戶沒有需要，便放棄開發，白白錯失了很多成交機會。

當客戶對你說他不需要你的產品時，你可以**設想他是處於「不知道自己需要甚麼」，或「不知道為何需要你的產品」的狀態**，我們的工作就是要引發客戶的慾望，讓他自己說出需要的理由。回到最初的問題，推銷員的工作**並非要按下牛頭令牠喝水，而是要令牠感到口渴，那麼牠便會乖乖的自動低下頭喝水**。

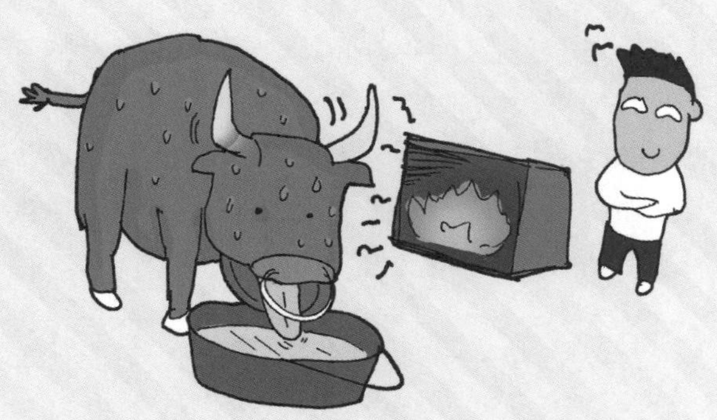

且看以下例子：

失敗例子

S：推銷員 **C**：客戶 **地點**：普通話教學推廣攤檔

S：小姐平時返工或者生活上多唔多講普通話㗎？

C：唔多。

S：其實學好啲普通話對你有好多好處㗎，而家咁多香港公司返大陸發展，你普通話唔得點夠人哋爭呀？

C：我而家間公司都唔係咁多業務同大陸有關咋喎……

S：而家冇啫，你點知將來會唔會有呢？我哋呢個普通話課程可以幫你報埋考試，成績喺香港同大陸都認可，第時寫喺履歷表搵工都得。

C：就算有用都唔知係幾時嘅事啦，考試都未必一定 pass，同埋學費都唔平……

S：我哋嘅老師全部都符合專業資格㗎，又有自置校舍，呢個價錢真係唔貴喇，學好咗一世受用，多多錢都值啦。

C：真係唔需要喇，唔該！

成功例子

S：小姐平時返工或者生活上多唔多講普通話㗎？

C：唔多。

S：如果你而家做嘢間公司想派你上大陸做嘢，又或者有另一間公司想請你幫手發展大陸嘅業務，你會唔會有興趣呢？

C：都會有㗎。

S：點解呢？

C：始終大陸仲有好多發展空間，有機會上去了解下國情，建立下人際網絡都好呀。

S：如果真係有個機會畀你上去，你覺得而家自己嘅普通話水平可以應付到嗎？

C：嗯……可能未必得，因為讀書時冇咩學過，聽都仲可以，但講就真係唔識講。

S：呢樣嘢會唔會對你上大陸發展有好大影響呢？

C：梗係會啦，連講都講唔到，點做嘢？

S：如果有另一個人同你爭，其他嘢一樣，但佢普通話好啲，你係老細你會畀機會邊個？

C：嗯……梗係普通話好啲嗰個啦……

S：咁你覺得應該要點做？

C：學好啲普通話，對將來都有幫助嘅……

S：咁你想快啲學識，定遲啲再諗？

C：快啲學識好，學都要時間啦。

S：咁我哋一齊睇下呢個課程嘅細節……

一個看似沒有需要學習普通話的人，怎樣向對方推銷普通話課程呢？如前文所述，推銷員要先設想客戶「不知道為甚麼需要學普通話」，然後啟發對方思考，讓他自己找到需要的理由。可是一般推銷員都會犯一個錯誤，就是當遇上客戶說沒有需要時，便不斷提出證據，試圖說服客戶需要購買這產品或服務。說服策略之所以被廣泛採用，是因為這是一種最簡單直接的溝通技巧，基本上人人都懂，但這是否有效的策略呢？

當我們要說服一個人時，意味着我們的想法不一致，而我相信自己是對的，希望對方也認同我的想法，所以不斷提出證據去證明。**說服策略背後隱藏着一個意思，就是「我是對的，你是錯的」**。

試想想，如果客戶認為不需要，但推銷員不斷提出理由說服客戶需要，那就是在證明客戶的想法是錯的，客戶當然也會捍衛他認為對的想法，然後雙方進行了一場辯論比賽，推銷員引經據典，客戶「為啖氣」寧死不屈，最終不歡而散。

相比說服，引發客戶對產品的需要，對達成交易更有幫助。

S：小姐平時返工或者生活上多唔多講普通話㗎？
C：唔多。

顧客看似沒有需要，但如果推銷員在這時就放棄，便會錯失成交的機會。

S：如果你而家做嘢間公司想派你上大陸做嘢，又或者有另一間公司想請你幫手發展大陸嘅業務，你會唔會有興趣呢？
C：都會有㗎。

既然客戶的狀態是「不知道為甚麼需要學普通話」，不妨為她設想一個場景，當然這是一個有利於銷售的場景。所謂引發慾望，就是要開動客戶的腦筋，讓客戶想想自己沒有想過的東西。

S：點解呢？
C：始終大陸仲有好多發展空間，有機會上去了解下國情，建立下人際網絡都好呀。

推銷員在引導時不必講太多，反而要不斷鼓勵客戶表達內心感受，經過說話系統表達的感受，相比埋藏於心裡的具體得多，有助於強化客戶的購買意識。

S： 如果真係有個機會畀你上去，你覺得而家自己嘅普通話水平可以應付到嗎？
C：嗯……可能未必得，因為讀書時冇咩學過，聽都仲可以，但講就真係唔識講。

再次作出引導，客戶的慾望漸漸被啟發。

S： 呢樣嘢會唔會對你上大陸發展有好大影響呢？
C：梗係會啦，連講都講唔到，點做嘢？
S：如果有另一個人同你爭，其他嘢一樣，但佢普通話好啲，你係老細你會畀機會邊個？
C：嗯……梗係普通話好啲嗰個啦……

把客戶的問題放大、具體化、情景化，令她有置身其中的想像，直至引爆她的購買慾望為止。

S： 咁你覺得應該要點做？
C：學好啲普通話，對將來都有幫助嘅……

客戶意識到自己的需求所在，購買慾望已經形成了。

S：咁你想快啲學識，定遲啲再諗？
C：快啲學識好，學都要時間啦。
S：咁我哋一齊睇下呢個課程嘅細節……

所有的購買理由都是由客戶提出的，推銷員只是作出引導，刺激客戶思考一些未曾思考過的問題，這樣的做法是否比說服有效得多？當然，現實中客戶未必會乖乖地這樣回答問題，不過以上例子旨在示範如何利用問題引導客戶思考，是純粹原則性的做法，供大家參考。

哲學家馬克思說過：「人不會因為別人而改變自己的想法，人只會自己改變自己的想法。」推銷員要以「啟發」代替「說服」，就是令客戶改變自己的想法。撇開銷售不談，其實我們人生中的不少改變，也是在思想被啟發後轉變的。每個人都知道吸煙危害健康，但如果你向一位煙民朋友羅列出所有吸煙的壞處，然後勸他戒煙，你認為他會因為你而改變嗎？相反地，若果他目睹了一位因為吸煙而患上肺癌的朋友每天接受化療，繼而變得蒼老萎靡的模樣，他便有可能開始考慮戒煙。他被朋友的狀況啟發了，考慮做自己沒有想過的事，這就是「因自己而改變」。

爆數☆金句

★★★

大部分人都不知道自己需要甚麼，
或以為自己知道需要甚麼。

★★★

★★★

引發客戶對產品的慾望，
因為慾望比需要更能令客戶跟你成交。

★★★

★★★

推銷員的工作
並非要按下牛頭令牠喝水，
而是要令牠感到口渴。

★★★

第四章 智能推銷

大家有沒有試過，無緣無故被陌生人加入了一些 WhatsApp 群組，群組內全是不認識的人，群組的發起人會發布宣傳訊息，推廣一些產品或服務？我曾被加入一個 WhatsApp 群組，裡面唯一的信息是一個網上遊戲的上市日期，以及它的遊戲賣點等等。後來我從新聞得知，原來現在有些市場策劃公司會提供這種宣傳服務。這些公司擁有一個龐大的資料庫，據稱有 300 萬香港 WhatsApp 用戶的電話號碼，只需 2 萬元就可以向 10 萬個用戶發送宣傳信息。（對，你的手機號碼就只值那他媽的 2 毫子！）

Apps-Selling

相信每位使用智能手機的人，都會安裝一些社交應用程式如 WhatsApp、微信、Facebook、Instagram、Line 等。這些程式令我們的日常溝通更方便之外，亦為推銷員提供了多一個開拓業務的渠道，我稱之為 Apps-Selling。

一些香港人常用的社交應用程式如微信，可以搜尋用戶所在位置附近的其他用戶，並可以跟他們搭訕交友。只需簡單地發出一個添加好友的請求，便可以開發潛在客戶，相比傳統的 cold call，**Apps-Selling 讓推銷員無論在何時何地都可以開拓商機**。

這種社交程式還創造了一種**被動的銷售模式**。以往商戶採購了新的貨品，都會主動把新貨的商品目錄發給客戶挑選，客戶看過後再決定是否購買。但是現在如果你有微信程式，你只需用手機拍攝貨品，接着把照片上傳至你的個人動態，你在微信裡的所有朋友都能即時看到，而且還可以留言查詢。這令推銷的成本下降之餘，效率也大大地提高。而且**由於商戶只是更新動態，因此客戶並沒有「被推銷」的不安感覺**。

其中一個經常利用社交網絡推銷的行業就是美容業，商戶把自己使用美容產品的前後對比照片放上社交平台，便能吸引艷羨目光。理論上任何能夠用相片表達的產品，都可以用這種方式推銷，例如時裝、玩具、鐘錶、美容保健產品、皮具、旅遊、餐飲、房地產等等。甚至我見過一些色情行業經營者，把自己場內的「新囡」照片放至社交網站，讓人目不暇給。（很想要吧？）

然而，**Apps-Selling 亦助長了一些不良的銷售手法**。在社交網絡裡，你不難發現一些「美女」。在個人照片裡的她，大眼、V 煞臉、事業線應有盡有，她們會在個人介紹中寫上「每月回報 10-15% 的投資計劃，有興趣請向我查詢」、「追求財務自由、人生理想，加入我的團隊！」等字眼。不少人因為想結識美女而主動向她們搭訕，但在這個「執相」伎倆勝於易容的年代，「美女」可能只是宅男們一廂情願的幻想，更甚者實際上可能是男人。他們在網上隨便找一張美女照片，吸引男士們來搭訕，再尋找商機。

曾有報章報導，有金融機構利用宅男心理，聘請模特兒在微信交友，相識不久便約會見面，宅男以為有機會與女神約會，一時過度興奮，把應有的戒心完全放下。見面後雖然女神還是女神，但女神身旁多了一個彪形大漢，他才是真正想跟你約會的人。（想作嘔對吧？）宅男連跟女神寒暄的機會都尚未有，大漢便開始推銷投資計劃，宅男始知中計，連連「呻笨」。

未見面，先起底

除了開拓業務，如果能夠善用社交平台和手機應用程式的各項功能，對銷售也有莫大的幫助。以往我們要花很多時間去了解客戶的興趣和近況，但現在你只要跟客戶在 Facebook 或微信等社交平台成為朋友，不單是客戶的近況，甚至連他的成長經歷都一目了然。如果你怕無法跟客戶打開話匣子，又或者想順着客戶的喜好聊天，在**跟客戶見面前不妨先更新一下他的近況**，會面時便有聊天的材料。

另外，WhatsApp 的「最後上線時間」顯示，也能夠提升你和客戶的溝通效率。例如某天早上你想致電給客戶，但他 WhatsApp 的最後上線時間是凌晨四時，你就知道客戶前一晚也許通宵工作，下午才致電會比較合適。又或者有某些資料，你經 WhatsApp 發送給客戶，也可以從「藍剔」確定他已經看過，之後再作 follow-up call。

隨時報到，隨時交數

然而，這些手機應用程式的出現也減低了推銷員的自由度。以往一些「行街」在離開公司見客時只需以電話匯報行蹤，他說自己在九龍灣跟客戶會面，事實上可能在銅鑼灣和女朋友吃拉麵。有了 WhatsApp 後，由於程式配備 GPS 功能，主管可能要求下屬在 WhatsApp 顯示所在位置，推銷員「蛇王」的機會自然減低。

WhatsApp 同時也成為了銷售主管的管理恩物，他們可以透過群組一次過向小組成員發布信息，省卻打電話的時間。更厲害的是 WhatsApp 成為了主管們的「捽數」工具，讓他們可以在任何時間要求下屬匯報業績。我曾聽過一位銀行界朋友訴苦，說他的分行經理跟業務部下屬有一個 WhatsApp 群組，這個群組的消息提示音每天響個不停，早上由經理簡介當天的業績目標、個別同事的工作計劃等；中午吃飯時間下屬要匯報半天業績，未達標的話要交代下午的部署，這時主管也會跟同事比較不同分行的業績，以鞭策下屬；下午分行營業時間結束後便開業績總結會議以及「捽數」，會議結束後下屬再打電話給客戶作開發或跟進……為了追數，下屬在晚上九十點還在工作也不罕見，但不管甚麼時間下班，最後還是要在 WhatsApp 報告結果。

銷售無界限

以往由於手機普及化，催生了電話推銷；智能電話的出現，亦創造了新的銷售模式。在此我作出一個大膽的假設，未來幾年或會出現一種虛擬的銷售方式，推銷員跟客戶在智能手機／平板電腦上以視像會議的方式會面，推銷員一邊講解產品資料，一邊把資料即時傳送至客戶端，並顯示在熒幕上，客戶可隨時提問，與一般面對面銷售無異。

客戶如決定購買，可在輕觸式熒幕上，用手指簽名作實（某本地寬頻供應商已經應用了此技術）。如需要客戶提供身分證副本、住址證明等文件，客戶亦可以即時拍攝和傳送相關文件，而且可利用具備支付功能的智能手機作線上付款，整個消費過程變得更方便快捷。這種銷售方式，除了不受時間和地域限制外，買賣雙方亦可以把銷售過程備份，從而杜絕不良的銷售，並用作推銷員內部培訓，提升客戶服務水平，加強企業競爭力。

以上的假設會否成真雖然言之尚早，但可以肯定的是，隨着科技的進步，**銷售模式的局限將會越來越少，亦意味着銷售手法的可塑性將不斷提高**。

爆數☆金句

★★★

社交應用程式
令我們的日常溝通更方便之外，
亦為推銷員提供了
多一個開拓業務的渠道

★★★

★★★

社交應用程式創造了
一種被動的銷售模式，
因此客戶並沒有
「被推銷」的不安感覺。

★★★

★★★

只要跟客戶在社交平台成為朋友，
見面前先更新一下他的近況，
會面時便有聊天的材料。

★★★

FAB 銷售法

銷售理論上有一套「FAB 銷售法」，FAB 分別是 Feature、Advantage、Benefit，即從產品分析的角度，分析產品的特徵、優勢和利益，從而說服顧客購買。

「特徵」是有關產品的客觀描述，例如大小、重量、價格、式樣、有效期、使用方法等等。例如某款手機具備 4.8 吋屏幕，支援 4G 上網，1300 萬像素鏡頭，內置 16GB 記憶體等，推銷員應對這些資料倒背如流。但是熟讀產品特徵最多只能當個「人肉 Catalogue」，因為這些資料並不會刺激客戶的購買慾望，要成為成功的推銷員，還要多走幾步。

「優勢」就是在與同類型產品比較下，有關產品的優勝之處。如大屏幕手機可以提供較佳的視覺享受，4G 的上網速度比 3G 快等。「優勢」能夠造成產品差異化（product differentiation），提升客戶對產品的興趣。

「利益」則是在優勢的基礎上，結合客戶的需要，得出客戶在得到該產品後的好處。由於利益涉及了「客戶需要」這個變數，所以**同一件產品帶給顧客的利益也未必相同**。引用同一例子，一個喜歡用手機拍照的客戶會覺得鏡頭像素高是他購買產品所獲得的利益；而一個喜歡用手機觀看影片的客戶，則會認為上網速度快才是他購買產品所獲得的利益。

利益的迷思

推銷員讓客戶了解產品所帶來的利益，如果這種利益正是他所需要的，為了得到這種利益、滿足自己的需要，客戶便會購買，邏輯上正確無誤。固然，人在生活上有不少行為都是由利益所推動的，但這並不是唯一的因素，相反**有人會放棄利益以達到一些個人目的**，我們應該怎樣理解這種行為呢？

一位會考 9A 的高材生，拔尖入讀中文大學計量金融學系，畢業後加入香港四大會計師行，五年後升任經理，月入數萬。這是一條何等康莊的大道，只要他繼續在這個行業發展，不出十年，月入十萬不是夢。高薪厚職是多少香港人的夢想，但原來他自小是個巴士迷，他真正的夢想是成為一位巴士車長，每天接載乘客前往目的地。因此他毅然辭去會計師行的職位，轉職當上巴士車長，薪金大減三分之二。雖然失去了優厚的工作和薪金，但卻圓了他的夢想。

如果以利益角度考慮，這種事情是不可能發生的，但既然這件事實實在在的發生了，就代表除了利益，還有另一種力量影響我們的行為，驅使我們作出跟利益相矛盾的決定。這種力量就是「價值」。

利益 VS 價值

如前篇所述，**「價值」是人對世界的主觀思想和取向**，而價值有時會蓋過利益，影響我們的行為。推銷員以產品利益滿足客戶需要，已經能夠做好推銷員的本分，但如果想再上一層樓，便要進一步讓客戶了解到產品的價值，也就是**在 FAB 之後，再加上一個 V（Value）**。

價值會因應不同人的個性而有所不同，因此很難為價值下一個客觀的定義，但**跟價值相關的概念，一般都和個人情感有關，例如認同感、自尊、愛、信任、品味、優越感等**。

價值是利益的延伸，既然價值是更能推動行為的力量，我們便應**在利益之上，找到產品帶給客戶的價值**。一個喜歡用手機拍照的顧客，高像素的鏡頭讓他即使只是在街頭 snapshot 也可以拍下精美的相片，除了在手機或社交網絡上與別人分享，亦可以沖印成實物照片，讓剎那間的美好事物和回憶得以永久保存；一個喜歡用手機觀看影片的顧客，快速的上網速度可以讓他隨時隨地在網上重溫電視劇集，晚上就不必花時間在家中看電視，那些時間可以用作親子溝通、處理家務，時間管理更為靈活。

在推銷一些銷售周期短、價格較低的產品時，只着重於利益也許已經足夠。但面對銷售周期長、價格較高的產品時，除了利益，也必須強調價值。無論如何，**客戶購買產品，目的都是為了得到產品帶來的利益和價值**，所以必須在推銷過程的初段陳述利益和價值，以激發客戶的購買慾望。特徵和優勢，是在激發了購買慾望後，讓顧客對產品有更多了解，又或者在比較同類產品時才多作解說。總括而言，**推銷員應以「B/V → F → A」或「B/V → A → F」作為推銷次序**。

這個道理看似顯淺，但讀者不妨到街上走一圈，與不同的推銷員攀談，便會發現很多推銷員在 F 和 A 這兩方面都表現稱職，但在 B/V 這方面則顯得遜色。原因是公司對前線推銷員的培訓多集中在產品培訓，要他們做一本「人肉 Catalogue」，往往忽略了最重要的銷售培訓。銷售是人與人之間的互動，**了解產品，遠不及了解人重要**。

爆數☆金句

★★★

FAB 銷售法：
從產品分析的角度，
分析產品的特徵、優勢和利益，
從而說服顧客購買。

★★★

★★★

價值是更能推動行為的力量。
要在利益之上，
找到產品帶給客戶的價值。

★★★

★★★

銷售是人與人之間的互動，
了解產品，遠不及了解人重要。

★★★

腦筋急轉彎

假設公司分派了一個任務給你，要你開發一些公司曾經接觸，但又無法達成交易的客戶，而採用的就是最簡單而直接的方法——cold call。

你：先生你好，我係代表 XXX 公司打嚟嘅……

客：你哋公司洗唔洗咁煩呀？隔一排就打一次嚟，我好忙㗎，你估唔洗做嘢㗎？

客戶一接通電話便破口大罵，你要如何回答，才能安撫他的情緒，甚至轉守為攻？給你三秒鐘時間思考。

三、二、一，夠鐘！

一般的回答方法：

「先生唔好意思成日煩住你，但因為而家我哋做緊個優惠，真係好抵，所以都想介紹畀先生你㗎。」

打 cold call 被拒絕，是時有發生的事情，但從以上例子所見，客戶並無表示拒絕，他只是對多次收到 cold call 表示不滿。既然沒有拒絕，就是推銷員勇往直前的好時機。

然而，由於客戶在發牢騷，很多推銷員都會採用一般的回答方式去安撫客戶，即提出一些誘因吸引客戶繼續聽下去。方向是正確的，但可以預期最終還是會被客戶拒絕。因為**成敗關鍵不在於你的誘因是否吸引，而是你跟客戶誰在掌握主動權，俗語即誰在「食住」對方**。

從以上的回答方法可看出推銷員內心有一種求客戶聽下去的想法，一開始就以低姿態示人，客戶必更得寸進尺，對你所說的諸多挑剔。請記住客戶現在「食住」你，**在處理產品問題之前，先要處理主動權問題**。

推銷員的回答如果在客戶的意料之內，那麼客戶在往後的對話中就依然控制着主動權，推銷員只有捱打的分兒。要在客戶手中奪回對話的主動權，關鍵是**改變客戶的思考方向，令他思考你的問題**。以下是我建議的回答方法：

「我知道你好忙，我亦唔想浪費你寶貴嘅時間。不如你畀一分鐘時間我，我一分鐘內講晒想講嘅嘢，如果你都冇興趣，我保證以後唔會再打畀你。」

讓我們分析一下，這種回答方法採用了甚麼技巧。

「我知道你好忙，我亦唔想浪費你寶貴嘅時間」

面對情緒激動的客戶，不管誰對誰錯，首先要安撫對方情緒，因為世上無人能與瘋子吵架而獲勝。這句話就是要表現出同理心，軟化對方的強硬態度。

「不如你畀一分鐘時間我，我一分鐘內講哂想講嘅嘢」

這句話當中的「一分鐘」十分重要，它令客戶對這次通話所需的時間有了預算，而這個預算是他接受範圍之內的，抗拒性自然減低。

「如果你都冇興趣，我保證以後唔會再打畀你」

說這句話的目的是提出誘因，吸引對方答應你的要求，配合之前提出的「一分鐘」，代入客戶立場思考：只需付出一分鐘時間，以後就可以不再被騷擾，絕對是一勞永逸的決定。

推銷員這樣回答後，客戶就由宣洩情緒的狀態，轉變為思考應否花一分鐘與你繼續聊下去。這時他的思考方向已經改變了，他在思考你的問題，主動權就在不知不覺間轉移到你身上，你反過來「食住」他了。

當你在思考對方的問題時，你就被對方引導着；反過來對方思考你的問題，你就在引導對方。所以**主動權誰屬，其實取決於誰在思考對方的問題**。在談判時，談判雙方許多時候都在 offer（開價）與 counter offer（還價）之間周旋，因為大家都在爭取主動權，一方提出 offer，另一方便要考慮是否接受，但為了不被對方「食住」，因此就要提出一個 counter offer，讓對方思考，重奪談判的主動權。

第五章 直銷探險記

★★★

所謂「三人行中，必有直銷」，我們總會直接或間接認識一些從事直銷的朋友，不管他們售賣的是甚麼產品，他們都好像活在另一個世界中，外人很難理解他們的思想。他們會**狂熱地愛上自己的直銷事業**，認為從事這個行業必定前途無限，而且對人生充滿理想和憧憬，並認為其他人不加入是損失，簡單而言好像被「洗腦」一樣。

為了了解這種現象的成因，我參加了一次直銷講座，希望以第一身體驗直銷公司如何令人作出這種改變。先旨聲明，我不反對大家加入任何合法的直銷企業，而我目前並沒有參與任何直銷活動。

直銷是甚麼？

在講述我的經歷前，先向大家介紹一下甚麼是直銷。直銷是由英文 Direct Selling 翻譯過來的，**直銷廠家沒有或只有少量實體店鋪，主要是靠經銷商以人傳人的方式推銷產品，因此以往亦稱為傳銷**。廠家一般以加盟模式拓展業務，任何人只要付出加盟費用就可以成為經銷商。由於沒有實體店鋪，經銷商理論上可以在任何時間、任何地點，向任何人推銷產品。同時，經銷商與廠家並無僱傭關係，而且是以自負盈虧的模式經營，所以**直銷亦可算是創業**。

直銷的架構可分為單層式直銷和多層式直銷兩種。兩者的最大分別在於單層式直銷中，經銷商把產品售賣給消費者賺取佣金，而多層式直銷除了以上方法，**組建團隊亦是收入來源之一，因此有了「上線」和「下線」的概念**。方法是「上線」透過招募人才作「下線」，組建他的經銷團隊；「下線」做了業績，他本人及其「上線」都可以獲取佣金。這種團隊組建模式不斷向下發展，因此衍生出「代」的概念，也就是當你的孫子做到業績，你的兒子、你自己、父親、祖父及曾祖父都可分得佣金，而團隊有多少「代」，則因應企業制度而有所不同。這種佣金制度亦是多層式直銷最引人入勝之處，一些口號如「辛苦工作三五年，輕鬆生活三十年」，就是人們加入直銷的願望。

而層壓式推銷，其運作方式跟多層式直銷相似，但前者在香港是違法商業活動，一經定罪最高可被罰款 10 萬元及監禁 3 年。**層壓式推銷所售賣的產品一般沒有實際價值，又或者以不合理的高價出售。**「上線」的收入源自「下線」的加盟費，而不是把產品售賣給消費者。由於貨品本身沒有價值(或太貴），所以只有經銷商才會購買，這時「接火棒」遊戲便開始，直至沒有人再願意加入時，整個層壓式推銷計劃便宣告「爆煲」。

《警訊》教你直銷和層壓式推銷的分別：

公爵的疑惑

言歸正傳，我的朋友 Linda 是一間直銷廠家的經銷商，她售賣的是美容產品。為了更深入地探討人們為何對直銷如此死心塌地，我告訴 Linda 我有興趣了解她們的生意，並出席了她們的創業講座。為免引起不必要的糾紛，我對這件事所涉及的人名和其他細節均作出適度修改。

我跟 Linda 約好了在一個星期六早上，首先到這個直銷廠家在尖沙咀的總部參觀，再出席講座。廠家在尖沙咀甲級寫字樓佔有一個全層單位，電梯門甫打開，已經聽見有如茶樓星期日早茶時段的聲浪，再看果然人潮如鯽，Linda 告訴我那些都是來參觀以及買貨的人，因為產品很好賣，所以每天都有很多人來補貨。

Linda 把我引領到大門口旁的位置，那邊牆上貼滿了這間直銷廠家來自世界各地最優秀經銷商的相片。看着這些照片，我差點以為自己去了歐洲中世紀博物館，因為這些照片下面都寫着「ABC 公爵」、「XYZ 侯爵」等名銜。我向 Linda 問個究竟，原來**經銷商會因應其業績及團隊規模被冠以不同的名銜**，由高至低順序為公爵、侯爵、伯爵、子爵、男爵（要成為貴族，沒有想像中那麼困難和麻煩，而且不會被狗仔隊追訪）。

洗腦講座，願者被洗

在總部短暫逗留後，Linda 把我帶到聽講座的房間，到達時已經有約十位聽眾。這時一位笑容燦爛得有點誇張的女士走近我，主動跟我握手，並高聲說：「歡迎歡迎，你係 Linda 嘅朋友呀？」

「係呀，你好。」面對初次見面的陌生人，她的過分熱情令我有點不自然。

「呢位係我哋條 team 其中一位公爵，Josephine 老師。」Linda 向我介紹。接着我又認識了另一位公爵 Man 老師，他是一位約 50 歲的男士，亦是當天講座的講者。雖然他們都被稱作老師，但他們並不從事教育工作，只是在講座裡教大家怎樣以直銷創業，**「老師」的稱呼也許為他們減少了一點商業味道**。

簡單地打過招呼後，Man 便開始演說。一開始他便大講目前最流行的「M 型社會」理論，以及**引發大家對現狀的不滿**，例如「而家啲樓咁貴，你人工追得上咩？」、「日日返工放工，有冇諗過你嘅人生係為咗咩？」、「你每日做十個鐘搵萬零蚊，又辛苦又受氣。你老細就賺大錢，咁樣對你公唔公平呀？」、「如果你唔改變，用番而家嘅方式去生活，你未來幾十年嘅人生就係為咗份工、為咗層樓，你會冇咗自己，值得咩？」這時 Man 說話的聲線是低沉的，樣子是嚴肅的，講座的氣氛都變得沉重起來，Man 無疑是控制集體情緒的高手。

「我以前都以為自己冇得揀，但原來我有。」Man 的聲線逐漸變得高昂，表情亦寬容過來。他訴說自己由打工仔變成經銷商的經歷，當中用上了不少令人羨慕的字眼，例如 financial freedom（財政自由）、passive income（被動收入）等等，簡單來說就是**不用工作也有收入**，每天有多點時間花在家庭、健康和興趣上，因為他的團隊已經發展至一定的規模。乍聽之下確實令人怦然心動。

「咁樣嘅生活你想唔想過呀？」Man 拋出了一條問題，有人高聲回答「想」，亦有一些人低聲回答「想」，然後 Man 再問一遍：「大聲啲答我，你哋想唔想過呢一種生活？」他的語氣是略帶命令式的，場內很多人都一起高聲說：「想！」在此，Man 成功地**製造了這個講座的高潮**。

這時我觀察一下身邊的人，從肢體語言上，我發現很多人都已經十分投入這個講座，期待着 Man 接下來的演說。如果真的有「洗腦」這回事，可以理解為**腦袋進入了一個完全開放的狀態，會毫不抗拒地接收外界信息**。他們已經進入了這種狀態，而我亦一樣。

接着 Man 便開始介紹廠家的歷史、規模和產品等，重頭戲當然是解釋佣金制度，最後得出一個結論：這是一間實力雄厚的公司，它掌握了高超的美容技術，生產了一些能夠短時間內令人變得健康美麗的產品。廠家不以傳統的方式銷售產品，把節省下來的廣告費、店舖租金等作為經銷商的佣金，讓他們賺取豐厚的收入。Man 本身擁有 20 年的經驗，其團隊更是人才輩出，只要你肯學，他們就會教你如何獲得成功，因為你成功等如他們成功。試問**世上有哪一種創業方式可以做到低投資、低風險、高回報、不困身、有專人教導、收入永不間斷，而又能夠幫助別人呢？**除了「完美」，我找不到另一個形容詞去形容這門生意。

整個演講大概 45 分鐘，我和其他聽眾都聽得如痴如醉，甚至已經在幻想當自己成為公爵時，不用上班但每月有六位數字收入的生活是何等寫意。

演講過後，Josephine 帶同 Linda，邀請我和 Man 圍在一起坐下繼續討論，也就是他們三人一同游說我加入。在聽過 Man 的演講後，也許是時間太長，也許是內容叫我的情緒太興奮，我的腦袋好像進入凍結狀態，喪失了思考能力。他們一連問了我好幾個問題，目的都是引導我加盟成為經銷商。我意識到若我繼續維持着凍結狀態，我會糊裡糊塗的答應他的請求。**為了衝破這種狀態，我強迫自己思考**，並提出了一個問題。這是一個十分普通的問題，但竟然帶來了意想不到的效果。

★ ★ ★

把腦袋重新啟動的問題

「你哋嘅團隊總共有幾多人？」我逼自己問了一個十分簡單的問題，我以為這樣會給 Man 多一個吹噓他團隊有多大、創造了多少收入的機會，誰知道他竟然答不出來。

「我哋呢 team 係香港最多公爵會員嘅 team。」Man 說。

很明顯他在迴避我的問題。這時我的腦袋好像被重新啟動了一樣，我再追問他一遍：「咁即係有幾多人？」

後來 Man 解釋說由於每天都有新成員加入，所以很難提供一個確實的數字。這個解釋確實有點牽強，但我沒有再追問下去，因為我感覺到自己的情緒已經成功抽離剛才「被洗腦」的狀態。

講座完結後，Linda 的「上線」Kelvin 再邀請我去聽他的個人分享。出於禮貌我跟他聊上約 20 分鐘，內容都是他本人用過產品及成為經銷商後的成功經驗，沒有太特別之處，所以不在此詳述。

洗腦 = 情緒過山車

事後回想這次經歷，**所謂「洗腦」其實是一種影響情緒的手段，當情緒過分波動時，會蓋過理性，並作出其他理性者眼中不能理解的行為**。

人的大腦分為左腦和右腦兩個部分，**左腦司職說話、計算、分析、邏輯思考等理性行為，右腦則負責圖象、音樂、創作、想像、情緒管理等功能**。人類在面對不同的情況時，會分別運用左右腦思考，例如你要評估一項投資計劃，便要用左腦去分析它的風險利弊；當你在陳奕迅的演唱會聽他唱《富士山下》時，你就用右腦感受歌聲帶給你的感動，所以不少人會被歌手的歌聲觸動而流下淚來。如不相信請翻看國內綜藝節目《我是歌手》，你會見到大量例證。

當我們用左腦思考時，右腦功能便會暫時被抑壓，反之亦然。政府宣傳片呼籲人們遇上火災時必須保持冷靜，就是為了避免人們的驚慌情緒蓋過了理性思考，因為要找到最佳的逃生方法，就要用左腦進行邏輯思考分析。如果人的情緒過於波動，便會失去理性，做出不合理的行為，這是因為右腦主導思考所致。

在 Man 的演說中，一開始他利用「M 型社會」理論，加上聲線和表情，**令聽眾的情緒跌至谷底**，潛藏在每個聽眾心底的那份對生活、對社會、對工作的不滿頓時爆發出來。而更重要的是，我們對這些現況不滿，卻沒有任何解決方法，並且感到絕望。情況就好像你是陳浩南，因為得罪了靚坤而被追殺，你只得一人，但靚坤有數十兄弟，你拼命地逃走，但最終走到了死胡同，前無去路，後有靚坤，萬念俱灰。

當大家瀕臨絕望時，Man 便以救世者的姿態告訴你：其實你並不絕望，兼且可以反敗為勝，就是成為直銷企業的經銷商。這樣不但可以解決大家內心的不滿，更可以獲得美好豐足的生活，聽眾**從絕望中找到出路，便下意識地對之後的事物照單全收**。好比你被靚坤困在死胡同時，眼見快要被他剁成肉醬，你的好兄弟山雞忽然從死胡同的一角閃出來，告訴你原來這裡有條秘道，你當然不由分說就從那裡死命逃走。（當然真正的港產片情節應是浩南和山雞二人赤手空拳大戰靚坤幾十人，最終漂亮完勝！）

在 Man 的引導下，這時**聽眾的情緒又由谷底颷升至天堂**，在經歷了這種情緒過山車後，聽眾的情緒都蓋過了理智，因而進入了我形容為「腦袋被凍結，不能思考」的狀態。當我強迫自己提出問題，就是強迫自己以理性思考，我的理性才得以重新主導思想。

你不難發現，這些直銷企業會經常舉行分享會、研討會、講座等等，例如業績優異的經銷商會向別人講述自己的成功經驗，或經銷商之間分享自己的夢想人生等等。不管模式如何，**內容都是傾向煽情的**。人的情緒不可能長時間處於興奮狀態，熱情退卻後，我們便會理性思考自己的行為。這些活

動的目的就是要**維持經銷商的高漲情緒，令他們一直熱愛自己的直銷事業**。其他不了解箇中原因的人就以「洗腦」、「撞邪」等字眼去形容他們。

直銷是透過人際網絡壯大規模的行業，當中必須有一些宗教式的狂熱者，對這事業深信不疑，才能夠打動別人，太多的理性反而欠缺了激情。也許「洗腦」一詞過於負面，因此總被認為是用於不法勾當上。但試想像政治家要發動革命，他的烈士不被「洗腦」，人人理性計算得失，哪有「犧牲小我，完成大我」的高尚情操？「洗腦」不一定是壞事，但**必須時刻理性反思，避免過度感情用事**，成為凡事只求理想，但脫離現實條件的「假大空」。

爆數☆金句

★★★

「洗腦」是一種影響情緒的手段。
可以理解為腦袋進入了
一個完全開放的狀態，
會毫不抗拒地接收外界信息。

★★★

★★★

強迫自己提出問題，
就是強迫自己以理性思考，
讓理性得以重新主導思想。

★★★

★★★

「洗腦」不一定是壞事，
但必須時刻理性反思，
避免過度感情用事。

★★★

大文豪莎士比亞名句「To be or not to be, that is the question」，正好指出**人在做決定時，是要承受壓力的**。客戶在決定是否購買時，同樣會承受壓力。推銷員若無法消除這種壓力，客戶往往會跟你說一句你最不想聽到的話：「等我再諗下先！」

買與不買，是困難的決定，我建議推銷員在這個時候引導客戶，**把注意力由「買不買？」轉移到「買甚麼？」的問題上**。簡單來說，就是**不要給客戶有「不買」這個選擇**。

如前文所述，「買不買」是困難的決定，因為買要花錢，亦有機會買了用不着的東西，客戶的思想在這個時候是傾向負面的，不利銷售。「買甚麼」則直接跳過了買不買的問題，令客戶不必面對壓力，而且當推銷員把客戶引導至考慮買甚麼時，客戶很快便會想像到產品或服務的好處，這時客戶的思想傾向正面，對成交有決定性的作用。但請謹記，運用這種手法，是為了消除客戶做購買決定時的壓力，因此**必須在引起客戶的購買意慾後才使用**，若在銷售初期運用這種技巧，客戶便會有被迫購買的感覺，結果弄巧反拙。

失敗例子

C：客戶 **S**：推銷員 **地點**：手機店內

S：其實而家已經好少人用2G電話，個個都轉晒做 smart phone，你唔轉個人好快 out 㗎。

C：都係嘅，個個人都用。但我睇新聞話如果去外國唔記得熄 data，數據漫遊收好貴，check email 可能都會用成幾百蚊。

S：咁所以你去外地時就一定要熄咗個數據漫遊喇。

C：其實我而家個電話仲好哋哋，咁樣轉又好似好浪費，同埋一部呢啲 smart phone 都真係唔平……

S：如果呢啲嘢唔好，而家就唔會咁多人用啦。你快啲買，快啲追上潮流仲好啦。

C：嗯……我都係要諗諗先。

分析

S：其實而家已經好少人用 2G 電話，個個都轉晒做 smart phone，你唔轉個人好快 out 㗎。

推銷員一開始便把重點定位在「應否轉用 smart phone」上，那麼客戶就要在「買」與「不買」之間做思想掙扎，這樣會把客戶帶進一個壓力的漩渦裡。

C：都係嘅，個個人都用。但我睇新聞話如果去外國唔記得熄 data，數據漫遊收好貴，check email 可能都會用成幾百蚊。

S：咁所以你去外地時就一定要熄咗個數據漫遊喇。

C：其實我而家個電話仲好哋哋，咁樣轉又好似好浪費，同埋一部呢啲 smart phone 都真係唔平……

S：如果呢啲嘢唔好，而家就唔會咁多人用啦。你快啲買，快啲追上潮流仲好啦。

C：嗯……我都係要諗諗先。

由於做決定要承受壓力，為了避免承受這種壓力，自我保護機制便會啟動，方法就是提出一些不需要做決定的理由，之後就會衍生出種種負面思想。即使客戶最終透過「漸悟」決定購買，這位推銷員的努力成果也有可能會由別人享受。

成功例子

S：如果你想由 2G 轉用 smart phone，最多人用嘅系統就係 iOS 同 Android。

C：有咩分別呢？

S：iOS 係由蘋果開發嘅系統，只係得 iPhone 用，而 Android 就係 Google 開發嘅。市面上大部分機款都係行緊 Android，如果你本身有好多其他蘋果出嘅產品，例如 iPod、MacBook 等，咁唔同產品都可以共用一個系統。但如果以易用嚟睇，Android 會優勝啲。你自己本身多唔多蘋果嘅產品？

C：唔多。

S：咁兩隻機對你嚟講應該差唔多，但 Android 嘅免費 apps 會多啲。

C：即係唔洗錢可以 download 遊戲、電子書嗰啲？

S：係呀。

C：似乎 Android 好似好用啲，有啲咩牌子可以揀呢？

分析

S： 如果你想由 2G 轉用 smart phone，最多人用嘅系統就係 iOS 同 Android。
C：有咩分別呢？

把重點定位在「應該轉用 iOS 或是 Android 手機」上，兩個選擇之間一定有分別，因而引起了客戶的好奇心，並主動向推銷員了解更多。將顧客的壓力轉變為好奇心，推銷員示範了連消帶打的推銷技巧。

S： iOS 係由蘋果開發嘅系統，只係得 iPhone 用，而 Android 就係 Google 開發嘅。市面上大部分機款都係行緊 Android，如果你本身有好多其他蘋果出嘅產品，例如 iPod、MacBook 等，咁唔同產品都可以共用一個系統。但如果以易用嚟睇，Android 會優勝啲。你自己本身多唔多蘋果嘅產品？
C：唔多。
S：咁兩隻機對你嚟講應該差唔多，但 Android 嘅免費 apps 會多啲。
C：即係唔洗錢可以 download 遊戲、電子書嗰啲？
S：係呀。
C：似乎 Android 好似好用啲，有啲咩牌子可以揀呢？

推銷員講解選擇之間的分別，**客戶考慮哪一個選擇較適合自己時，必然從產品的優點去想**，甚至代入了購買後的情景，這一切都是對銷售有利的情況。從例子中可見，客戶思想上已經接受了新產品，推銷員往後介紹不同牌子的 Android 手機時，也可以利用做選擇的好處，引導客戶購買。

這個事例中的推銷員，完全沒有跟客戶討論應否轉用 smart phone，所以客戶根本沒有「不買」這個考慮，推銷員直接給予客戶不同 smart phone 的選擇，讓客戶不必面對做決定的壓力。而且，客戶在做選擇時，感覺上主動權在自己身上。人總會做自己認為對的選擇，所以在這種情況下，客戶反悔或退貨的機會較低。但要注意，推銷員最好能提供二選一的選擇，因為選項太多，客戶焦點過於分散，需要消化的信息過多，又會構成另一種壓力。所以，推銷員應**在跟客戶「起底」後，綜合他的需要，再為客戶提出兩個選擇**。

爆數金句

★★★

不要給客戶有「不買」這個選擇。

★★★

★★★

客戶思考「買不買」時，思想負面；
思考「買甚麼」時，思想正面。

★★★

★★★

提供二選一的選擇，
因為選項太多又會構成另一種壓力。

★★★

第六章 與膠客共舞

人生總會遇上幾個膠客

我們偶然會遇上一些客戶，他們有誠意、有禮貌、有錢，交易過程順利又愉快，是難得一見的好客。

可是好客在香港已經瀕臨絕種，取而代之的是一班令推銷員頭痛不已的客戶，他們有着各式各樣的特徵，唯一的共通點就是**在推銷員要求成交時必定諸多推搪**。在台灣這類客戶叫「奧客」，在香港我給他們一個地道一點的稱呼——「膠客」。

以往推銷員都不屑服務膠客，但隨着市場上產品的選擇越來越多，以及消費者權益越來越大，膠客驅逐好客，並成為推銷員主要的銷售對象。因此我們必須先放下成見，膠客也是客，他們也是消費者，只要在處理上運用多一點技巧，就能與膠客共舞。

從以往的經驗中，我把各種膠客歸納為以下幾大類，並附以一些處理技巧，希望讀者們有所啟發。

猶疑不決類

特徵

世上有一種人，他們很**害怕做決定，害怕出主意，也害怕表達自己**。他們最常講的一句話就是：「是但啦，我冇所謂。」

這類客戶一般說話不多，在推銷員講解時都會耐心聆聽，但你不要以為他聽得懂你的話，他只是**徘徊在接收大量新信息的混沌境況之中，但又不懂／不敢提問**。你問他是否明白講解的內容，他會公式化地回答「明白」，但當你要求成交時，他們又會擺出猶疑不決的態度，甚至列出一堆似是而非的理由來推搪。

怎樣處理？

猶疑不決類客戶在購買時有很多憂慮，他們憂慮的事情五花百門，例如價錢是否合理、產品是否耐用、售後服務是否足夠等等，但其實種種憂慮都可以用兩個字來形容——廢話。

他們猶疑不決，是因為害怕做決定，而為了避免做決定，便創作出一堆廢話去支持自己不做決定。一些看不透這種伎倆的推銷員，往往會把注意力集中在處理客戶的憂慮之上，但原來處理完一個憂慮後還有另一個憂慮，這種惡性循環教推銷員疲於奔命，甚至當所有憂慮表面上都解決了的時候，仍然不能成交。推銷員不斷解決客戶的憂慮，但其實在客戶的角度看，推銷員是在逼他做決定，而這正正是他最害怕的事情。

害怕做決定的人，心底最渴望有人幫他做決定，讓他免受做決定的壓力，所以他們才有「是但啦，我冇所謂」這口頭禪。在面對猶疑不決類客戶時，推銷員要做的就是**了解客戶的需要後，再替他做決定**。而為了顧全客戶的感受，要**將這個決定包裝成一個建議，再詢問他這個建議是否切合他的需要**。客戶最害怕的事有人替他做了，面子亦保全了，那還有不成交之理嗎？

百彈齋主類

特徵

顧名思義，百彈齋主類客戶對推銷員的產品、公司和銷售手法等等都是批評多於讚賞。當然不能排除部分是客觀的批評，但相信大家都曾遇過一些不理性的客戶，對我們作出一些奇怪的批評。我在擔任某日本品牌的電子產品推廣員時，曾遇上一位客戶，他批評日本的產品不及國內品牌的耐用，我很驚訝他有這種想法，所以向他進一步了解情況，他說因為現在的電子產品在保養期過後便會壞掉，而國內品牌的保養期一般較日本長，所以國內的會較耐用。面對這種邏輯，我實在無言以對。

怎樣處理？

我並非主張無視客戶的批評，但我們要**分清批評的動機**。善意理性的批評當然要接納和改善，但面對客戶策略性地利用批評為自己爭取利益，就不可順應而行。

曾經放售或放租物業的讀者，你們一定遇過一些在睇樓時百般挑剔，但最後成交的客戶。其實不只地產業，任何行業都有機會遇上這種客戶，他們**即使覺得產品合適都會刻意挑剔，甚至在雞蛋裡挑骨頭，目的是希望你減價，或者爭取其**

他更好的成交條件。要判斷是真批評還是假批評，要看看他在批評後的下一步。如果客戶在批評後拂袖而去，或沒有興趣再談，那就是真批評；但如果他在批評後還在討價還價，或態度仍然保持積極，他所說的就可能是假批評。

面對真批評，推銷員或許真的要作出一些讓步來挽留客戶；但在處理假批評時，推銷員可以堅持一點，從而提升自己的價值，讓客戶相信眼前就是最好的成交條件。**在必要時才作出讓步，並要求客戶在短時間內作出決定**，這樣不但有助加快成交進程，亦會提升客戶購買後的滿足感。假批評也是理性的，因為客戶是策略性地透過假批評來爭取條件，所以推銷員可以跟他們講道理。

但面對不理性批評應該如何應付呢？**既然是不理性的批評，內容自然不需理會，反而我們應該了解行為背後的動機。**有些人批評是為了凸顯自己與眾不同，人家都說好的，他偏要說差，這樣才表現出自己的見地。正如一些辦公室文化，下屬提出的意見，上級怎麼也會作出一些修改，以證明自己的價值。

處理不理性批評可運用「**先肯定，後修正**」策略，先讓客戶覺得他真的與眾不同，例如「呢樣嘢你都留意到，證明你真係好了解我哋嘅產品」。請注意這句說話並沒有判定客戶的批評是對是錯，但客戶被褒獎後心情愉快，對你的抗拒感自然減低，換句話說也就更容易接受你之後對他的修正。

提出修正可以用較為婉轉的方法，例如說：「其實好多人同你一樣，都有呢種誤解，但事實上……」把客戶的批評理解為一些大部分人都有的誤解。**既然是大部分人都會犯的錯，就不是大錯了**，情況就如「天下男人都會犯的錯」一樣。把客戶的狀態調整過後，才提出修正，這時推銷員告訴客戶的，是一個大部分人都不知道的秘密。這再一次證明客戶與別不同，他就會在不知不覺間接受了推銷員的修正。

就這樣一推一拉，客戶的批評就化於無形。

口水多過茶類

特徵

很多推銷員在接觸客戶初期，都以閒聊方式跟對方打開話題，期望在閒聊間了解客戶，增加信任。雙方的聊天氣氛十分愉快，客戶跟推銷員無所不談，上至政經大事，下至街市行情，甚至家中外傭如何躲懶都談過一遍。推銷員滿心歡喜，以為跟客戶建立了友誼，往後推銷產品時就好辦了。

誰知**推銷員把話題帶到產品銷售時，客戶的高漲熱情瞬間冷卻**，推銷員由知心好友頓變路人甲乙，甚至開始產生抗拒。最終生意泡湯，推銷員抓破頭皮也想不通，客戶的態度為甚麼會轉變得比港女還要快？

怎樣處理？

客戶跟推銷員聊得來，可以是一個正面信號，但並非必然，因為**客戶可能不只對你口若懸河，而是對任何人都滔滔不絕**。

推銷員一廂情願以為客戶十分信任自己，便用上最大的耐心跟客戶聊天，殊不知客戶旨在「呃水吹」，對推銷員的產品根本沒有興趣。推銷員痴心錯配，還浪費了寶貴的時間。

面對口水多過茶類的客戶，推銷員應該**適時把話題帶回銷售之上，以測試客戶**。如果他仍然有興趣跟你聊下去，那很可能他真的需要購買產品；相反，如果他的熱情立即冷卻下來，他「呃水吹」的可能性就十分高了，這時推銷員可以禮貌地留下產品目錄／資料，或者個人聯絡方法，讓客戶自己決定還要不要聊下去。讀者們請謹記，**時間就是金錢，推銷員花越多時間在低潛力的客戶身上，意味着花在高潛力客戶身上的時間越少**，成交機會亦越小，出事㗎嘛！

然而，把話題由閒聊轉入銷售的過程，往往叫推銷員手忙腳亂，太直接顯得不禮貌，太婉轉又表達不了意思。怎樣才可以處理得體，又能成功測試客戶呢？以下有幾個例子供大家參考：

「我晏少少要出街／開會／食飯，不如我將啲重要嘢講咗先，我怕一陣冇時間講。」

「頭先你講嗰樣嘢呢，令我諗起一個客，佢又係咁……（爭回話題主導權，略講另一位客戶的經歷。）唔講你唔知，佢買咗 XXX 之後就 XXX……（把話題轉移至產品銷售上）」

「同你傾計都幾開心，都學到好多嘢，不如你畀啲意見我哋嘅產品，等我同公司反映下……（以徵求客戶意見為由，把話題帶回產品銷售上。）」

三心兩意類

特徵

有沒有遇過一類客戶，在推銷過程中顯得很感興趣，但說需要考慮一兩天再作決定？一兩天後推銷員跟進情況，他的態度竟有了 180 度的轉變，並拒絕成交，原因是他詢問了朋友個同事個阿哥個表妹個老公的意見，認為產品並不適合。

這一類客戶很容易受人影響，本來決定好的事，別人一句話就把決定推倒。從好的方向想是容易接納別人意見，但另一方面亦代表這個人沒有主見。這類客戶都有個口頭禪：「我聽人講呢⋯⋯」

怎樣處理？

最好的方法當然是爭取即時成交，但如果客觀條件不容許，客戶離開後就有改變主意的風險。要處理這一類客戶比較困難，因為推銷員對他們的掌控性較底，但請謹記：辦法總比困難多。

如果客觀條件不得不讓客戶考慮一下再答覆，推銷員應**把考慮時間定得越短越好**，因為時間越長，他被三姑六婆影響的機會也越多，而這些影響一般都不利於銷售。其次，如果知道他的諮詢對象是誰，便要儘量爭取與他直接接觸，但假如沒有指定的諮詢對象，或無法接觸對方，那便要實行第三步策略——**「打針」**。

「打針」就是按推銷員的經驗，**把一些別人可能提出的意見，預先跟客戶說一遍，並提出解決方法**，從而令他不容易受別人影響。例如：「你同太太商量呢個基金投資計劃時，我估佢都會好關心每月供款額呢個因素。你可以解釋畀佢知，初時供款額比較大，原因係要累積本金，之後你可以因應情況去調整供款額，而且次數不限。始終呢個係你哋一家人將來嘅生活保障，本金太少未必可以得到預期嘅效果。」如此做，客戶的太太跟他提出意見時，他便有預定的立場，不容易受人影響。

爆數☆金句

★★★

消費者權益越來越大，
膠客越來越多，
在推銷員要求成交時諸多推搪。

★★★

★★★

猶疑不決類：以廢話掩飾優柔寡斷。
拆招：替客戶做決定，將決定包裝成建議。

★★★

★★★

百彈齋主類：以批評顯示自己與眾不同。
拆招：先肯定，後修正。

★★★

★★★

口水多過茶類：旨在「呃水吹」。
拆招：把話題帶回銷售，測試客戶購買意欲。

★★★

★★★

三心兩意類：輕易被人影響。
拆招：「打預防針」。

★★★

美國第一任總統華盛頓，你對他有甚麼認識？請用三秒時間思考一下。

三、二、一，夠鐘！

你的答案是華盛頓小時候砍掉父親的櫻桃樹，並勇於認錯的故事嗎？其實，這真的是一個「故事」，因為根本沒有發生過。

華盛頓是一位偉大的總統，也是歷史上的偉人。他死後一位牧師為他寫傳記，為了宣揚華盛頓的美德，以及為美國人樹立榜樣，便在傳記中創作了華盛頓砍櫻桃樹的故事。這故事被廣泛流傳，華盛頓的誠實品格，在二百年後的今天依然為人所稱頌。

如果華盛頓是一件商品，他的優點就是誠實，為了表達這個優點，牧師可以羅列一千個華盛頓說真話的證明，又或者以櫻桃樹故事來表達。事實證明，即使你對華盛頓一無所知，也曾經聽過這個故事。

講解產品優點，是銷售的必經過程。推銷員在這個過程中，往往會鍥而不捨地強調產品的優點，務求令客戶體會到這些優點如何滿足他的需要。**這些優點當然是事實，但怎樣表達這些事實，對客戶的影響力則大有不同。**

講故事的好處是易懂、易記、具體，更重要的是容易吸引注意力。所以，在講解產品優點時不妨以故事作包裝，客戶未必記得產品的每一個優點，卻會對你所講的故事有較深刻的印象。

失敗例子

C：客戶 **S**：推銷員 **地點**：車行內

C：呢架車我打算放假一家人去玩時用，唔知內籠夠唔夠寬敞呢？

S：呢架車嘅座位係 2+2+3 設計，中排兩個座位可以前後移動；車門係電動趟門，上落都好方便；後排三個座位都好闊落，撳個掣啲座位就會自動摺埋，要車啲大件嘢都好方便。

在這個例子中，產品的優點當然能夠滿足客戶的需要，但將心比己，你聽過這些優點後會對這輛車或這位推銷員留下深刻的印象嗎？

再看看另一種表達方式，比較之下有甚麼分別？

成功例子

C：呢架車我打算用嚟放假一家人去玩時用，唔知內籠夠唔夠寬敞呢？

S：之前有個客都係同你一樣，想買架車同屋企人去玩時用，佢最重視嘅都係內籠空間問題，因為佢哋一家四口，爸爸媽媽同兩個仔，四個都好高大，阿爸同兩個仔都有 6 呎高。阿爸同我講話佢哋坐巴士，隻腳一定要放出走廊，如果唔係就會頂住前面個位；媽咪雖然細粒少少，不過女人嚟講都係高嗰種。嗰時我都介紹佢哋睇呢部車，因為車廂嘅設計好寬敞，佢哋試坐嘅時候都話好舒服。佢哋買咗之後成日揸車去郊遊同 BBQ，後座啲座位一撳個掣就會摺埋，食物同雜物放晒喺後座度，簡單方便。

這個例子中的推銷員以故事帶出產品優點，相比直接陳述更加吸引和具說服力。而為了增加故事吸引性，推銷員應**在故事中多描述細節**，如例子中的「一家四口」、「阿爸同兩個仔都有 6 呎高」、「坐巴士隻腳一定要放出走廊」、「買咗之後成日揸車去郊遊同 BBQ」等等。否則，只說「我有個客用完返嚟都話好好」這類沒有內容的事例，對銷售毫無幫助。

「升呢」講故事法：掛羊頭，賣狗肉

除了以故事包裝產品優點，其實任何時候，只要你**想向別人灌輸一些信息，但直接說又覺得太刻意，就可以用故事來包裝**，令人不知不覺地接受了這些信息，並且深印腦海中。

假設你是一個十分資深的保險經紀，業績優異，在公司獲獎無數，客戶亦十分信任你。如果你把這些信息直接告訴一位初次見面的客戶，他的反應可能有兩個：

1.「個個都咁講㗎啦，我點知係咪真？」
2.「講咁多嘢畀我知博乜？同你好熟呀？」

會有這種反應，原因很簡單——太刻意。

只有極少數很傻很天真的人，才會對這種刻意的陳述毫不懷疑。大部分情況下，你刻意告訴我一些資訊，並希望我相信，我都會很自然的猜測你的動機。有了這種想法，你跟客戶的信任就無法建立，更遑論接下來的銷售以至成交了。

既然太刻意會令人不信任，用逆向思維思考，**要令人信任就要不刻意了**。那怎樣才能做到不刻意呢？方法就是用故事，**讓故事成為主角，而你想說的則變成故事裡的配角**。

你想客戶知道你是一位出色的保險經紀，可以這麼說：

「我成世人做過最尷尬但又最開心嘅事，就係着住美少女戰士水手服喺台上面唱歌。

「我哋公司每年都有 annual dinner，而每年業績最好嗰條 team 都要喺 annual dinner 負責一個表演項目。上年我條 team 負責呢個表演，我哋有五個人，本來諗過扮五星戰隊，但係我哋怕現場反應未必夠，所以把心一橫，既然都係玩，就玩盡佢，扮美少女戰士。

「為咗嗰次表演，我哋請咗個排舞師幫我哋排咗隻舞，又搵人化妝、買水手服，準備得好認真。表演嗰晚全場 high 爆，其他同事仲將我哋表演嘅片段拍低咗，佢哋話今年玩到咁盡，下年嗰 team 唔知可以點玩……哈哈！」

跟第一個故事不同，這個故事的主角不是你的優點，而是一次最尷尬又最開心的經歷。在分享這次經歷時，你不經意帶出你是業績冠軍、工作能力超卓，但**它只是配角，所以別人不會因為你刻意提及而有抗拒感**。因此客戶在聆聽你的趣事時，便不知不覺地接受了你的優點。

這種表裡不一的情況，廣東俗語叫「**掛羊頭，賣狗肉**」。尷尬又開心的經歷是「羊頭」，用作分散對方的注意力；業績冠軍是「狗肉」，這才是你真正想對方知道的。當然，你的「羊頭」不能無緣無故的拋出來，否則又會犯了刻意的毛病。以上的例子是假設你在跟客戶聊一些關於公司活動的話題，你可以就着不同場合與話題，把你想告訴對方的事情，用故事來表達，效果必定比直接講述好。

同場加映：跟華盛頓學溝女

跟華盛頓一樣，我們都需要「賣」自己的優點，分別是我們不必流芳百世，作為平民百姓，推銷自己的其中一個常見原因就是——追女（男）仔。

假設在一個 speed dating（極速約會）場合，有一百個單身族，當中一半是女性。為求效率，參加者都不會花太多時間在同一對象上，而是務求在有限的時間內儘量認識不同的異性。

你看見一位十分合眼緣的女士在遠處，於是鼓起勇氣上前介紹自己。你知道跟她只有幾分鐘的時間聊天，卻希望在活動過後她對你或至少對你們聊天的內容留下印象，好讓日後安排單獨約會。

你們聊到養寵物的話題，原來她喜歡小動物，而你也有養小狗，因此想藉此「博 friend」，向她表示你們有共同嗜好。你本想直接告訴她，但忽然靈機一觸，想起要學習華盛頓，把事情用故事包裝一下，於是便把自己收養小狗的故事娓娓道來。她聽得津津有味，還不知不覺的跟你聊了 20 分鐘。

活動完畢，她的電話通訊錄多了一堆 David、Marco、Alex、Edmond 的名字，也搞不清誰是誰，但你卻有了一個新名字——「收養狗仔嗰個」。雖然她還是記不起你的名字，但至少當你日後致電給她時，不用把自己稱為「短髮戴眼鏡着白色恤衫牛仔褲嗰個 David」。

爆數金句

★★★

以故事包裝優點，
易懂、易記、具體，
吸引注意力。

★★★

★★★

要令人信任就要不刻意。

★★★

★★★

利用故事「掛羊頭，賣狗肉」，
把銷售信息變成配角，
令聽者失去戒心。

★★★

第七章

講價小百科

「淨係做畀你㗎咋，唔好同其他人講呀。」這句講價的經典對白，你聽過多少次？

除了一些明碼實價的買賣，很多交易的價格都有調整空間。本着「慳得一蚊得一蚊」的香港精神，現今很多客戶都是講價高手，教導消費者講價的文章更是唾手可得，卻鮮有看到從推銷員角度出發的講價教學。

講價的精神在於降低產品價值，從而令賣方減價出售。客戶希望產品越便宜越好，相對地推銷員則希望產品賣得好價錢，雙方朝着不同的方向走，卻有着共同的目的——成交，因為**客戶不會為他沒有興趣的產品講價，所以推銷員應視講價為正面的購買信號**。然而，不正確地處理這些信號，可能會令大好的成交機會白白溜走，又或者以不理想的價格成交，這些都是推銷員不願看到的結果。

講價第一大原則：不作無條件減價

客戶希望減價，理論上他是沒有底線的，最好的結果是免費贈送。所以為了避免無止境的討價還價，**推銷員在每次讓步時都應該附帶一些條件**，如增加購買量、即時成交、限定貨品種類等，若你售賣的產品不能套用以上手法，可直接要求客戶承諾：「係咪做到呢個價就 OK ？係我就幫你問下得唔得。」讓客戶知道減價是有條件的。這種做法一方面能預防客戶無止境要求減價，另一方面即使在價格上讓了步，但賺了時間或銷貨量，整體還是一個 good deal。

講價第二大原則：減價要在爭取後

客戶講價，原因是怕自己「買貴咗」，因為「買貴咗」除了錢包受損，假如別人也買了相同產品而對方的價格比你低一截，對「面子緊要過銀紙」的人來說，那真的是半生英明一朝喪。因此即使客戶對產品有興趣，而價格亦到了心目中的水平，他還是會害怕這不是最好的價格。

假設一個情況，客戶想買的東西標價 500 元，開價 400 元，推銷員立即成交，客戶會認為這是最好的價格嗎？換個情況，推銷員告訴客戶一大堆理由然後還價 450 元，客戶堅持 400 元，再用上威迫利誘的手段，最終推銷員願意以 400 元成交。即使成交價一樣，客戶對哪個狀況會感覺比較舒服？

假如產品的底價是 400 元，為了讓客戶相信這是最好的價格，**推銷員往往需要設下一些關卡，讓客戶自己爭取**。以上例子中的 450 元就是關卡，當客戶跨越了重重障礙，最終爭取到 400 元，才能釋去心中「買貴咗」的疑慮。這個原則對某些只要不低於公司定下的底價，成交價可以自行決定的推銷員來說，尤其重要。

$500!
$400!
$450!
$400!
成交!

講價的招數

客戶會以不同手法設法降低產品的價值，以達至減價目的。以下將會討論一些常見的講價招數和處理技巧。

1. 「人哋賣得平過你喎。」

利用同行的價格施壓，令推銷員自願減價，是客戶常用的招數。這一招無非要令我們相信如果不減價，客戶就會投向同行的懷抱。但再深入一點分析，如果同行的價格如此吸引，客戶何不直接跟同行買呢？所以客戶用這一招時，背後有兩個可能性：**第一是客戶在「大」你**，同行的定價並不如客戶所述般低；**第二是同行的產品雖然較便宜，但並不完全符合客戶的要求**，所以他未能決定購買。

第一個可能性視乎行業的價格透明度，以及推銷員的經驗，判斷相信與否。第二個可能性則比較容易驗證，推銷員不妨**詢問客戶同行產品的細節**，如果發現了產品之間的分別，那就說明了價格差異的原因。既是不同產品，售價自然不同，推銷員更可藉此帶出自家產品的優勢，重新掌握講價的主導權。

2.「我係得咁多㗎咋。」

這一招常見於公司採購，客戶以公司批出的 budget（預算）有限為理由，要求推銷員減價。例如公司的文具採購 budget 是 10 萬，但購買的文具總值 12 萬，客戶向推銷員要求減價 2 萬，並暗示不減價就會失去訂單，教推銷員進退兩難。

不管是公司或是個人客戶，**他們告訴你的 budget 一般都是下限**。你有 15 萬 budget 但只會告訴別人有 10 萬，因為 10 萬是 budget 的下限，其實 10 至 15 萬之間成交都是可以接受的，但以自己的底線開始談判，談判的籌碼便更多了。

在文具採購的例子中，推銷員可以提供另一個 10 萬元 budget 的次選方案，但數量或質量都比原來的稍差一點，讓客戶自己選擇應否因為價錢而放棄數／質量。在做這種對比方案時，推銷員要**儘量放大次選與首選方案之間價錢以外的分別**，例如「你今次買少啲係會平啲，但如果年中用晒再補貨，到時個價可能仲貴，怕你難同公司交代」。當中「怕你難同公司交代」就是價錢以外的分別，假如 10 萬只是 budget 下限，客戶為了避免次選方案的風險，還是會傾向首選方案的。

3. 「我差唔多要走，你唔平畀我就算。」

跟首兩招一樣，用這一招的客戶也是以近乎恐嚇的方式，令推銷員覺得不讓步便會失掉生意，迫使推銷員減價。

時間無多（不管是否屬實）未必不利於銷售，因為從另外一個角度看，**客戶也必須在短時間內決定是否成交**。推銷員這時可**假意中招**，露出一臉害怕的表情，再提出一個自己能夠接受的價格讓客戶考慮。推銷員要在這時「交戲」，原因是要令客戶感到自己的招數湊效，因而相信推銷員開出來的是最好的價格。

4. 「我畀多啲 budget 你，你畀多啲 discount 我。」

這一招也是公司採購常見的講價招數，但跟頭三招不同，**這一招不以恐嚇方式壓價，改以利誘方式爭取更大的扣折**。跟第二招一樣，**公司的採購部門會刻意隱藏自己的 budget**。假設他們有 100 萬 budget，他們會先跟推銷員說有 20 萬，然後再說公司增加 budget 到 30 萬，希望推銷員給予多一點折扣，於是推銷員滿心歡喜地給客戶打了個九折。後來客戶又說公司 budget 進一步增加至 50 萬，並說自己很努力地游說公司增加 budget，希望你再加多一點折扣，讓他好和公司交代。你給了他一個折上折後，不久他又說公司的 budget 加到 80 萬，進一步要求更大的折扣……如此類推，一直到了最後，雖然推銷員的確做了 100 萬生意，但折扣太大，相對利潤便少了，也不能說是一個 good deal。

使用這招的客戶都有一個共通點，就是他很需要你的產品，否則也不會花上時間心機來做這場「大龍鳳」，所以推銷員即使不知道客戶真正的 budget 有多少，也不一定要被客戶牽着鼻子走。

為免被客戶「擠牙膏式」的壓榨毛利率，推銷員可以**提供一個 discount table，預先列明不同 budget 的折扣**，讓客戶一開始就知道自己將會取得多少折扣。這種做法一來可以免卻講價過程中繁瑣的文書往來，亦可以試探客戶的真正 budget，即使客戶再度講價，也是建立在一個真正的 budget 上。

5. 「平多少少啦……」

這一招不用多說，就是人情攻勢。不論是個人消費或商業採購，人情攻勢都是「博 friend」、扮慘、扮 cute、扮蠢、扮傻、扮可憐等等，目的是希望推銷員心軟減價。

既然是人情攻勢，受不受就看你和對方的交情如何。但即使接受，也要記着第一大原則，不過這次的條件可以人性化一點，借此建立你跟客戶的關係，例如：「下次 happy hour 你嘅」或「第時介紹多啲人嚟搵我呀」等等。

爆數☆金句

★★★

講價的精神在於
降低產品價值，
從而令賣方減價出售。

★★★

★★★

推銷員在每次讓步時
都要附帶一些條件，
或設下一些關卡，
讓客戶自己爭取。

★★★

（在閱讀這一篇前，我有責任提醒各位讀者，以下所介紹的銷售手法可以用作推銷，亦可用於行騙，心術不正者不宜繼續閱讀。）

每年香港小姐選舉，各參賽佳麗在電視台的悉心包裝下，在鏡頭前無論髮型、化妝、衣着、談吐和儀態，都表現出完美的一面。與此同時，各報社的狗仔隊都會空群而出，四處跟蹤偷拍，看看誰在街頭「煲煙」、誰在「老蘭」夜蒲、誰在暗交名門子弟等等，務求踢爆她們的完美形象。

人對「完美」總是又愛又恨，雖說做事應該力求完美，但太完美的東西又會令人懷疑，英語中也有 too good to be true 的講法。因為大家都知道，**任何人和事都有缺點，如果你不讓我知道你的缺點，我便會把它找出來**。

再好的人也會有缺點，只是願意承認缺點的人不多。所以**當有人承認自己有缺點時，他予人的感覺是一個誠實的人**，而且別人會很自然的以同理心來看待你的缺點。畢竟人人都有缺點，你已大方承認，別人也再沒有針對你的理據。相反，當你顯得八面玲瓏、滴水不漏，別人就更想找出你的缺點，甚至要在雞蛋裡挑骨頭。

建立對自己有利的偏見

在銷售上，**透露產品缺點也是一種重要的技巧**。跟人一樣，沒有一種產品是完美的，既然不完美，就要坦白跟客戶承認缺點。當然，我不會建議你在一開始就跟客透露產品缺點，比較好的策略是**先說優點，再說缺點**。在說明過產品的幾項主要優點後，你便可以拋出一個缺點。客戶聽過後會認為你是一個誠實的推銷員，信任度因而提升，更會很自然的相信你之前提及過的產品優點，這是**利用了人類思想上以偏概全的盲點**。

這種情況在邏輯上叫「肯定結果謬誤」（Affirming the consequent fallacy），是指一些有因果關係的事情，當人們看見了結果，便以為原因亦同時出現了。例如下雨會令地面濕滑，下雨是「因」，地面濕滑是「果」，假如你看見地面濕滑，便斷定曾經下雨，你就犯了這個謬誤，因為造成地面濕滑的原因很多，下雨只是其中一個。這種謬誤的原理十分簡單，但是古往今來，不少人也曾誤墮這種邏輯陷阱。

戰爭是以性命，不，是以千萬性命作賭注的賭博，為了生存，人類許多智慧也是在戰場上累積而來的。古代的戰爭，假如你只得很少兵馬，為了虛張聲勢，令敵人誤以為你有千軍萬馬，其中一招就是在發檄文（類似戰爭宣言的一種文件）時

「有咁大吹咁大」。例如三國時著名的赤壁之戰，曹操聲稱坐擁 80 萬大軍，但其實只有 23 萬左右（在今天曹操可能已觸犯了商品說明條例），這是一種純粹「靠嚇」的手段。

另一種手段則運用了「肯定結果謬誤」的伎倆，兵力較弱的一方為了騙敵，會在軍車、軍馬上綁上一些柴枝和樹葉，令軍隊行動時揚起沙塵。敵方從遠處監視時，赫見軍隊所經之處皆沙塵滾滾，氣勢磅礴，便以此推斷將有大軍壓境。

在這個例子裡，千軍萬馬是「因」，沙塵滾滾是「果」，看見結果就斷定原因，就犯了「肯定結果謬誤」。日常生活中也有不少例子，例如一個衣着樸素的人，我們會以為他是窮人；一個在地盤工作的人，我們會以為他沒有很高的學歷；一個身上有紋身的人，我們會以為他是壞人……這些都是我們犯了「肯定結果謬誤」而造成的偏見。

偏見並沒有好壞之分，它可以令你被歧視、被貶低，但亦可以令你變得更吸引、更可信。例如在蘭桂坊夜店，一位操「唔鹹唔淡」廣東話的男生向一位女生搭訕，女生以為他是「ABC」（American Born Chinese），崇洋心態令她對男生的印象大為提升，搭訕的成功率也因此提高。當然前提是男生說的是陳冠希或吳彥祖式廣東話，而不是金剛式的。因此男生要令人以為你是「ABC」，先得練好流利的英語。

同樣道理，誠實是「因」，講真話是「果」，當我們聽到一個人講真話時，便會得出「他很誠實」的結論。不過事實上，他可能真的誠實，也可能是有其他原因才說真話。利用這種偏見，推銷員便可以輕易跟客戶建立信任；相反地，如果你只懂「賣花讚花香」地講優點，客戶的防衛心理便會因此加深，更可能會懷疑你說話的可信性。

利用這種思考謬誤，你可以隨時**為自己建立不同的形象**：銷售新手可以扮老手，方法是見客時刻意讓客戶看見自己「水蛇春咁長」的客戶名單——當然客戶名單不是你自己的，更可以不是真的；小老闆可以扮大老闆，方法是在中環找一間服務式辦公室，並以它作為公司的聯絡地址，別人在卡片上看見你的辦公室座落在中環核心區域，便以為你是一間大公司的老闆。

這種手法的好壞全看使用者的用心，它可以是推銷手法，亦可以是行騙伎倆。大部分的「天仙局」騙案，開始時騙子都是利用這些誤導性手法騙取他人信任（想想他們是怎樣令受害人相信他們是富豪／神仙／內幕消息提供者等等，懂了吧？），再騙財騙色，因此我在篇首已經告誡讀者，心術不正者不宜學習這種技巧。

爆數☆金句

★★★

適當曝露缺點，
是贏得客戶信任的捷徑。

★★★

★★★

利用人類思想上以偏概全的盲點，
先說優點，再說缺點。

★★★

★★★

利用「肯定結果謬誤」，
建立對自己有利的偏見。

★★★

第八章 效率決定成敗

人人平等的 24 小時

上帝給予每個人每天 24 小時，誰也不比誰多，我們可以自由地安排每天如何利用這 24 小時。有些人分秒必爭，亦有些人慢條斯理，不論你對時間抱着甚麼觀念，有一點可以肯定，就是**時間對推銷員來說永遠都不夠用**。我們為了達到公司定下的業績目標，每天埋頭苦幹，不論你的目標是以日、以週或以月計算，每次到了結算日，業績不好的推銷員總會抱怨為何當初把時間花在沒有潛質的客戶上，最後才發現好夢落空，那時已經悔恨太晚；業績好的，也會希望客戶早一點成交，讓他們在結算日時「爆數」的比例更高，賺取「跳bar」的更豐厚佣金。

既然時間永遠都不夠用，推銷員就必須學習時間管理。工作無限，時間有限，**如何把有限的時間分配到無限的工作上，就成為推銷員成敗的關鍵因素**。相信每個推銷員都聽過類似「唔好嘥咁多時間喺啲無 potential 嘅客身上」的說話，這句話言簡意賅地道出了**推銷員時間管理的一大原則——擇優而事**。

但其實這句話跟「阿媽係女人」一樣，是真理但毫無意義，因為我相信沒有推銷員會扭盡六壬的對一個男士推銷衛生巾，問題是怎樣才能判斷客戶是「優」？能解答這個問題，才能有效地分配時間。

★ ★ ★

擇優而事的時間管理

要判斷甚麼是「優」，我會在接觸客戶時根據各方面的信息，分辨他在購買過程三個階段中屬於哪一個：

1. 第一階段：醞釀期（時間分配：少）

處於醞釀期的客戶，他們對產品只有很表面、很初步的認識，同時購買意慾亦只是在萌芽階段，他們並不了解產品能為他們帶來甚麼利益，所以對產品沒有即時需求。在這個階段，客戶對產品只是抱着隨便了解一下的態度，在他獲得資訊後能否形成購買慾望，就要看看推銷員的銷售技巧。（可參考 Selling Tips 3）

2. 第二階段：沉澱期（時間分配：中）

客戶經歷過第一階段，搜集了產品的資料，同時被推銷員啟發了一些從未想過的問題，**開始形成購買慾望**，但仍在思前想後。他們開始詢問朋友、家人、專業人士的意見，或者自行在網上或報章雜誌了解更多相關資料。面對這個階段的客戶，推銷員應着眼於**提升產品的價值，令客戶認為產品物有／超所值**。（可參考 Selling Tips 4）

3. 第三階段：行動期（時間分配：多）

這是**購買意慾已經確立**的階段，客戶需要產品，但並不代表他一定跟你購買，因為市場上有同類型產品可供選擇，推銷員要做的是**增強客戶對自家產品，更重要的是對推銷員本身的信任**，必要時還可以在價格上作出妥協，爭取成交。（可參考 Selling Tips 6 及第七章）

經歷以上三個階段所需的時間因不同人、不同產品而有所分別，例如年輕人比年長的人需時較短，因為年輕人沒有太多經濟負擔，衝動性消費（impulse buying）的機會較高；購買房屋比購買運動鞋需時較長，因為購買房屋牽涉的金額較大，亦是一項有長遠影響的消費。

讓我們回到最初的問題：怎樣判斷客戶處於哪一階段？

向旅行顧問學習

去過旅行社預訂自由行套票，或者報名參加旅行團的人，每次都會遇上同樣情況，就是當你在櫃台前坐下，旅行顧問就會機械式的詢問三個問題：「想去邊度玩？幾時出發？幾多人？」

從客戶的答案就可以判斷他處於哪一個階段：如果客戶對這三個問題只能提供一些模稜兩可或者十分廣泛的答案，例如目的地是英美澳加，出發時間不定，人數二至四人不等，那他很有可能處於第一階段；如果他在比較兩個相似的地方，亦有確實的出發日期，且是三數個月後的事，他處於第二階段的機會就很高了；如果客戶能具體地回答旅行顧問這三個問題，出發時間又在不久之後，他很明顯是處於第三階段。利用幾個簡單的問題，旅行顧問就可以評估客戶處於哪個階段，並因應顧客的階段分配處理的時間。

要有效地作出評估，技巧只有一個：代入性思考。把自己變成客戶，想想有甚麼關鍵信息是你在確定成交時能夠提供的；相反地，不能提供這些信息，就表示離成交之期尚遠。**針對這些關鍵信息，擬定幾條問題**（就像旅行顧問一樣），那麼你對客戶會否成交便會有合理期望，時間分配亦會更有效。

爭取「階段性成果」

每個階段的客戶都有其「死亡率」，但顯而易見，第三階段的客戶是最「優」的，亦是最值得推銷員花時間處理的。如果你有幸在第一次見面就遇上一個處於第三階段的客戶，那真是上帝送給你的禮物，但世事豈會盡如人意？三個階段客戶的數量是呈倒三角比例的：

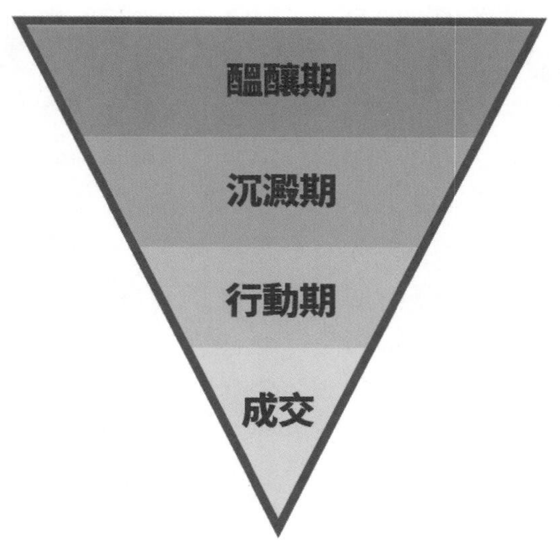

我們每天面對的客戶大部分都處於醞釀期，然後是沉澱期，最少的是行動期，如果只是等待行動期客戶臨門，就無異於守株待兔。因此，我們除了要學懂如何判斷客戶階段，還要學懂另一門更重要的學問，就是如何**把客戶推進至下一階段**。

銷售跟政治談判一樣，如果不能一步到位達到終極目標，就要爭取「階段性成果」，一步步向着終極目標推進，寸土必爭。銷售中最理想的情況當然是一次會面就能跟客戶成交，但這種情況多數只會發生在銷售周期短的產品上，其他銷售周期較長的產品，推銷員除了需要有成熟的銷售技巧，還要有效地跟客戶爭取各個「階段性成果」，才能提升銷售效率。

有許多原因會導致成交條件尚未成熟，此時推銷員總不能望天打掛，應該爭取一些「階段性成果」，即擬訂一些會令客戶向下一階段推進的具體行動。假設你是保險經紀，你跟一名處於醞釀期的客戶初次見面，你知道客戶不會在這次會面裡成交，在會面的尾聲，你希望下次跟他再接觸時他會由醞釀期過渡至沉澱期，就可以跟他共同擬定一個「階段性成果」，例如：「呢個保險計劃涉及你未來 20 年嘅家庭保障，相信你都要同太太傾下先。不如我地星期五再通一次電話，睇吓你哋對呢個計劃有咩意見好嗎？」星期五再通電話就是爭取「階段性成果」的具體行動。

客戶這時就要考慮星期五之前有沒有和太太商量的機會，如果有，他會答應你的要求；如果沒有，他便會反過來建議另一個日子。不管怎樣，你還是取得了一個「階段性成果」。在約定的日子之前，你可以把時間投放在其他客戶身上。但如果他給你的答案是「我睇睇先，有需要打畀你」，那就是連「階段性成果」也爭取不到了，推銷員可不用花太多時間在他身上。

謹記，一個**真正有誠意成交的客戶，理論上不可能拒絕和你達成「階段性成果」**，情況等如一個常跟你說「得閒飲茶」但從不提出具體飲茶時間的朋友，你認為他是純粹敷衍，還是真的想跟你飲茶？所以，「階段性成果」的作用除了是管理銷售進度，還可以試探客戶的誠意。

終於來到約定的日子，你打電話給客戶，由於這是你跟客戶定下的共識，他對你的來電有了預期，自然沒有冒昧致電的尷尬感覺。跟客戶聊過之後，你可能會面對以下三個情況：1. 客戶還沒有跟太太商量；2. 客戶已經跟太太商量，反應負面；3. 客戶已經跟太太商量，反應正面。對面這三個情況，需用不同的方法以取得一下步的「階段性成果」。

情況 1

客戶仍在醞釀期，未有推進至下一個階段。這段時間的等待沒有成果，但亦沒有損失，因為你把時間分配到其他客戶身上。客戶本來承諾會和太太商量，但最終沒有成事，原因可能是工作太忙沒時間或其他客觀因素，亦有機會是客戶根本不太在意這個承諾，這代表他還會在醞釀期停留一段長時間。這時你可以重複之前所做的，跟他約定一個時間再通電話，成功的話便再作跟進。

情況 2

反應負面也不要緊，至少客戶在意這件事，並且由醞釀期過渡至沉澱期。但由於條件未成熟，這次爭取的「階段性成果」不是要把客戶推進至行動期，而是希望他維持在沉澱期，並解決他們的憂慮。

所以你可以在這時提出：「不如約個時間我過嚟同你兩位見面解釋，到時我會帶多少少資料嚟，等你哋兩位對呢個保險計劃有更全面嘅認識。」同樣，有誠意的客戶不會拒絕你這個「階段性成果」，在下次見面時，你便要爭取把客戶推進至行動期了。

情況 3

這是最理想的情況。在這次通話你可以把客戶推進至行動期，即時提出：「你同太太邊日可以畀到 30 分鐘我？我帶埋文件嚟同你哋重新解釋一次，如果冇問題就可以簽單作實。」這個「階段性成果」應是手到拿來。

總括而言，推銷員的時間分配不外乎根據兩大原則：**評估與推進**。恪守這兩大原則，便能大大提高你的銷售效率，令你在激烈的競爭中取得優勢。

爆數☆金句

★★★

工作無限，時間有限，
推銷員必須學習時間管理。

★★★

★★★

推銷員時間管理的一大原則
——擇優而事。

★★★

★★★

消費的三個階段：
醞釀期→沉澱期→行動期。

★★★

★★★

爭取「階段性成果」，
把客戶推進至下一階段。

★★★

港女經典問題：「如果我同你（男朋友／老公）阿媽同時跌咗落水，而我哋都唔識游水，你會救邊個先？」

多少港男視這個問題如洪水猛獸，因為不論怎樣回答都是死路一條。試想像你回答先救女朋友／老婆，她便會說：「你竟然連自己阿媽都唔救，你有冇人性㗎？」但如果你回答先救自己母親，她又會說：「咁你即係睇住我死都唔理啦？你唔愛我！」

為甚麼怎樣答也不對？因為**無論你怎樣回答，答案都在她所設定的框架之內，這個框架就是：兩個只能救一個**。在她的框架內，任你如何回答，她對你的答案都不會感到滿意。

要擺脫這種困局，就要突破對方所設定的框架。在「你救邊個？」的問題中，框架是兩個只能救一個，所以你應該向兩個都救的方向想，才能突破她的框架。當然港女問你這個問題，並不是真的想知你會救誰，背後其實還有更深層的意義，因此我建議你這樣回答：「兩個都係我最愛嘅女人，我

唔會放棄你哋任何一個。就算要我死，我都會救晒你哋兩個先死！」回答時配合深情的眼神，以及豪邁的聲線，問題立即迎刃而解。

這些思想框架可能是由自身的性格、經歷和價值觀所形成的。例如一個生於重男輕女家庭的男孩，因為從小便有輕蔑女性的思想，長大後往往會有不尊重女性的行為。同時，其他人也會為我們設下不同的框架，例如大學生要才高八斗、情侶拍拖一段時間就要結婚等。

突破客戶的思想框架

跟客戶銷售時，他們也會被一些思想上的框架所局限，令推銷員無法跟他們成交。要處理這種情況，推銷員應該**突破客戶的思想框架，英語就是 think out of the box，把客戶的思想提升至另一個層次**。

假設你是健身室會籍的推銷員，在旺角鬧市跟途人搭訕。你偶然遇上一位年輕男子，你對他說：「有冇興趣申請做 gym 呀？今日申請有優惠喎！」男子聽到你的話後，只冷冷地回應一句：「我平時喺屋苑會所都有做 gym，唔洗喇！」

聽到這裡，也許你心中已經涼了一截，因為他擁有你產品的代替品。當然你可以就此放棄這個機會，但如果我要你想個方法，令客戶回心轉意，你會怎樣說？

「我哋會所好大，有得跑步、踩單車、焗桑拿，又可以上瑜伽班、泰拳班，屋苑嘅會所雖然就腳，但一定冇咁多野玩囉，你都係考慮吓 join 我哋個會籍啦。」

凸顯屋苑會所跟健身室的分別，令客戶知道購買健身室會籍的好處，是很正常的做法。但是這樣回答，客人還是不會購買，原因和「你救邊個？」同出一轍。細心咀嚼他的說話，就知道他所設下的框架是：屋苑會所與健身室只會二選其一，而你的回答是試圖說服他放棄使用屋苑會所，轉往健身室去。不管你提出甚麼理據，你都在他的框架之內，可以預期他下一步會這樣回答：「我淨係去跑吓步，我係住客，收費好平，又唔洗簽約，我點解要 join 你哋？」

他反駁你的理據越來越多，甚至越來越充分，因為在他的框架之下，你是「死硬」的。加上他已經習慣在屋苑會所健身，目前亦未有明顯的不滿，要說服他相信屋苑會所不好，就是要證明他一直在做愚蠢的事。為了維護面子，他只會再提出更多否定你的理由。要反敗為勝，就要突破他的框架，讓他知道應該同時擁有屋苑會所與健身室會籍，以下是我建議的回答方法。

成功例子

C：客戶 **S**：推銷員 **地點**：旺角街頭

C：我平時喺屋苑會所都有做 gym，唔洗喇！

S：喺會所做 gym 同 join 健身室做 gym，其實冇矛盾㗎喎。

C：點解？

S：通常你一個星期做幾多次 gym？

C：一星期一次啦，星期六日唔洗返工就去會所跑吓步。

S：點解一星期去一次咁少，唔去多幾次呢？

C：平時收工返到屋企都好夜喇，邊有時間去做運動？所以等放假先去囉。

S：我可唔可以咁講，如果時間地點配合到你，你做 gym 嘅次數會比而家多？

C：都可以咁講。

S：所以我一開始就話，喺會所做 gym 同 join 健身室做 gym 冇矛盾。

C：點解？

S：屋苑會所方便你喺屋企嘅時候可以近近哋去做 gym，但其實香港打工仔平日喺公司、喺街嘅時間仲多過喺屋企，所以你先會一星期做一次 gym 咁少。要保持體態同健康，要一星期三次，每次做最少 30 分鐘嘅帶氧運動。我哋平時食咁多嘢，又成日坐，一星期做一次運動其實係冇咩幫助嘅。

C：唔……

S：想多啲時間做運動，我建議喺方便你嘅地點 join 一個健身會籍，唔洗 join 啲好貴嘅 plan，因為假日你可以留番喺屋苑會所做，平時收工先去出面嘅 gym 玩，咁你就可以隨時隨地想做就做。有興趣仲可以上瑜伽班、泰拳班添。

C：唔……咁而家啲 plan 大概要幾多錢？

S：而家做緊呢啲 plan……先生你喺邊區返工？

分析

C：我平時喺屋苑會所都有做 gym，唔洗喇！
S：喺會所做 gym 同 join 健身室做 gym，其實冇矛盾㗎喎。
C：點解？

客戶的框架是二選一，推銷員要 think out of the box，讓客戶知道其實可以兩者兼得。因為**這屬於他思想框架以外的東西，他的好奇心瞬間被激發起來**，亦因此打開了雙方的話匣子。

S：通常你一個星期做幾多次 gym ？
C：一星期一次啦，星期六日唔洗返工就去會所跑吓步。
S：點解一星期去一次咁少，唔去多幾次呢？
C：平時收工返到屋企都好夜喇，邊有時間去做運動？所以等放假先去囉。
S：我可唔可以咁講，如果時間地點配合到你，你做 gym 嘅次數會比而家多？
C：都可以咁講。

雖然客戶起初抗拒購買健身室會籍，但如果屋苑會所能完全滿足他的需要，他就不會每星期去一次那麼少了，當中一定有原因。一問之下，推銷員就發現屋苑會所不能完全滿足他需要的原因，因此「起底」是十分重要的步驟。

S：所以我一開始就話，喺會所做 gym 同 join 健身室做 gym 冇矛盾。
C：點解？

掌握了客戶的情況，便可以提出解決方案了。

S：屋苑會所方便你喺屋企嘅時候可以近近哋去做 gym，但其實香港打工仔平日喺公司、喺街嘅時間仲多過喺屋企，所以你先會一星期做一次 gym 咁少。要保持體態同健康，要一星期三次，每次做最少 30 分鐘嘅帶氧運動。我哋平時食咁多嘢，又成日坐，一星期做一次運動其實係冇咩幫助嘅。
C：唔……

記着，你並非要客戶放棄在屋苑會所健身，而是要他接受同時擁有屋苑會所及健身室會籍，這樣**客戶才不需要推倒原來的價值觀**，是一種比較省力的做法。

S：想多啲時間做運動，我建議喺方便你嘅地點 join 一個健身會籍，唔洗 join 啲好貴嘅 plan，因為假日你可以留番喺屋苑會所做，平時收工先去出面嘅 gym 玩，咁你就可以隨時隨地想做就做。有興趣仲可以上瑜伽班、泰拳班添。
C：唔……咁而家啲 plan 大概要幾多錢？
S：而家做緊呢啲 plan……先生你喺邊區返工？

提出建議時要顧及客戶的需要，但更重要的是他的面子。客戶慣常在屋苑會所健身，可以預期他在這方面的支出不會很多，但礙於面子，客戶未必會直接告訴推銷員。當推銷員主動提出「唔洗 join 啲好貴嘅 plan」，就是替客戶把難以宣之於口的事堂而皇之的說出來，客戶頓時放下了心頭大石，就更容易接受你的解議了。

爆數☆金句

★★★

在客戶的思考框架內，
推銷員被客戶牽着鼻子走，
最後只會碰得一鼻子灰。

★★★

★★★

Think out of the box，
突破客戶的思考框架，
二選一變兩者兼得。

★★★

★★★

提出建議時要顧及客戶的需要，
但更重要的是他的面子。

★★★

第九章 Top Sales是這樣鍊成的

不能成為 Top Sales 的原因

一些銷售的老行尊告訴我，成功的推銷員要具備三個條件：**眼看得遠、耳聽得多、腿跑得快**。

「眼看得遠」是指對事物要有**高洞察力**，例如你的顧客有甚麼特點？他們一般在哪裡出沒？行業將來會朝甚麼方向發展？甚至要有呂不韋的眼光，發掘奇貨可居的客戶，雖然今天他一窮二白，但他朝飛黃騰達之時，就是生意滾滾來的時候。

「耳聽得多」用地道語言來說就是**「收風」**，要對行業內所有產品、對手、法規、人事、行規、架構等等瞭如指掌，並與時並進，在任何改變發生時取得第一手資料，必要時更要用上「天文台」為自己「收風」。

「腿跑得快」就是要有**行動力**，知道哪裡有商機，就要比競爭對手早一步到達，就像香港人俗語說的「飲頭啖湯」。在現今競爭激烈的商業社會，推銷員能否跟客戶成交，關鍵可能只在一時三刻之間。

然而，這些教誨並未令我成為一個出色的推銷員。

假設你今天下定決心減肥，你可以選擇的方法多不勝數，有節食、做運動、吃減肥藥、做美容療程等等，當中節食又有不同的餐單，做運動又可以選擇做 gym 或跟鄭多燕跳舞，藥物和療程的種類又是令人眼花繚亂，你必須找到適合自己的方法，才可以達成目標。原來**人生最困難的不是「做甚麼」（What to do?），而是「怎樣做」（How to do?）**。下減肥的決定是容易的，但要怎樣達到這個目標才最堪玩味。

老行尊說的是「做甚麼」，我知道要「做甚麼」後，便用自己的方法去做，但結果卻強差人意，因為我忽略了「怎樣做」。怎樣才能看出客戶的誠意？怎樣說明產品才會令客戶留下深刻印象？我問老行尊這些問題，他們也只能答出個大概，沒有一些具體的建議，因為他所說的，都是一些經驗，並非理論。

分享了這麼多銷售理論和技巧，大家可能都有個疑問：在銷售上，理論真的這麼重要嗎？一個沒有讀過銷售理論的人，憑他的經驗可以成為 Top Sales，這些例子俯拾皆是。但是**一個飽讀所有銷售理論的人，是否代表他能成為 Top Sales 呢？**

銷售的理論

每個現象的背後都有一個運作模式支配着，這個運作模式經過分析和驗證後便成為理論。例如香港每年的 7 至 9 月常常受到颱風吹襲，因為每年的這個時候，西太平洋海面受到太陽直接照射，海水溫度上升，形成低氣壓及熱帶氣旋，也就是颱風。當然，即使我們不了解颱風的成因，也可以憑經驗預測香港每年夏季都會受颱風吹襲，然而這個經驗只適用於香港。相反地，只要我們掌握了颱風形成的理論，我們便可以預測除了香港以外，世界不同地方受颱風吹襲的機會，更可以藉此進一步預測颱風的數量、強度等等。

同樣道理，在銷售上，推銷員可以憑經驗去處理每一個客戶，但經驗是屬於個人的，他的經驗很難套用在別人身上。試想像**一個人如何能夠把他 20 年，共 1000 個客戶的銷售經驗「說」出來？**因此，我們不難發現，即使是一個業績彪炳、經驗豐富的推銷員，也未必能夠培訓出另一個銷售精英。如果只依賴經驗累積，推銷員的成長大概只能靠個人天分和際遇了。

經驗是難以傳承的，但理論可以。**理論是經驗的總結**，也就是前人辛辛苦苦地用失敗換來的智慧。透過灌輸銷售理論，即使是一個**推銷新手也可以很快地掌握一些銷售原理，不必在碰釘撞板後才得到教訓。**

例如前文提到，讓客戶做選擇比做決定好，因為做決定時所承受的心理壓力大，而且思想傾向負面；相反做選擇時壓力較小，思想亦較為正面，因此推銷員在提出成交時應給予客戶至少兩個選擇。沒有學習過銷售理論的推銷員，也許要經歷多次被客戶拒絕，才知道做選擇的好處。需知推銷員「秒秒鐘都是錢」，**一個推銷員的失敗，代表着企業在投資上的損失**，所以學習銷售理論有其必要性。

銷售的藝術

話說回頭，一個飽讀所有銷售理論的人，是否能成為 Top Sales 呢？答案是不可能（請杜絕這種妄想）。雖然銷售有理論基礎，但跟自然科學不同，**銷售理論的對象是人，而人本身就是一個不穩定因素**，因為我們有着比其他生物豐富而複雜的情感，這些情感左右着我們的每一個行為。在不同的情緒狀態下，我們對相同的事物會產生不同的感覺，因此**銷售不是純粹「if a then b」的公式化行為，而是一種研究人性的藝術**。

再引用做選擇和做決定的例子，在某些情況下，為了讓客戶衝破一些購買的心理障礙，我們反而要利用做決定的壓力去促使客戶成交。例如一個遲遲不肯成交的客戶，你告訴他有其他客戶對你的產品有興趣，今天不成交明天就要給別人了，那時他就必須在壓力下做決定，情況有點像俗語所說的「趕狗入窮巷」，而那時的反撲力才是最大的。至於何時使用甚麼技巧，就視乎推銷員對客戶的了解程度，以及根據當時情況所作的判斷，並沒有一套硬性規則。

理論為體，經驗為用

總結一句，要成為一個 Top Sales，必須理論與經驗兼備。（想打爆我吧？）理論是推銷員的基本功，沒有理論支持，銷售便顯得舉步維艱；在運用銷售理論時，推銷員便要憑着經驗，因應時地人的變化，隨時改變策略，見招拆招。**理論總結了經驗，經驗也豐富了理論**，Top Sales 就是這樣錬成的！

爆數☆金句

★★★

要成功除了要知道「做甚麼」，
還要知道「怎樣做」。

★★★

★★★

理論是經驗的總結，
掌握銷售原理，
就不必在碰釘撞板後才得到教訓。

★★★

★★★

銷售不是純粹的公式化行為，
而是研究人性的藝術。

★★★

在劉德華的經典電影《全職殺手》中，有一句令我印象十分深刻的對白：**「再爛的電影，預告都一定精彩。」**

相信大家都曾經試過被電影預告片吸引，而買票入場看戲，看畢後才發現不甚了了，至少沒有預告片那麼好看。

電影預告片之所以能夠吸引觀眾入場，是因為它把兩小時的電影中最精彩的情節，濃縮在一分鐘的短片內，令觀眾的情緒在一分鐘內起伏跌宕，對電影留下深刻印象。

以上情況可以理解為：電影預告片成功向觀眾推銷，因而令他們買票入場。作為推銷員，我們可以好像電影預告片般，在短時間內提升產品的吸引力，從而促成交易嗎？

你的產品一定有賣點，請嘗試用**最短的時間、最簡單的文字、最直接的表達方式，把這些賣點告訴客戶**，這樣客戶的好奇心便會在短時間內被激發。試想想，如果我說：「睇過我本書嘅推銷員，成交率起碼提升 50% ！」你能抗拒繼續聽下去嗎？

請記着你的**「預告片」中最好包括一些具體的字眼**，如數量、比率、權威人士、報告等，但**必須簡化至任何人也聽得懂的程度**，令客戶一聽就明白你的產品有甚麼吸引力。而要有效地把複雜的概念簡化，就要學懂運用比喻。

善用比喻

2001 年蘋果推出 iPod，這個小小的裝置可以儲存 1000 首歌，在那個年代已經是很了不起的事。但要令客戶在短時間內了解這個新產品的優點，並深印在腦海之中，你會怎樣構思它的「預告片」？已故的蘋果公司創辦人 Steve Jobs 憑着一個簡單的比喻，把 iPod 推銷到全世界，更掀起了數碼產品的革命。「在你口袋裡的音樂資料庫」（music library fits in your pocket），就是 Steve Jobs 給 iPod 打的比喻。這個比喻讓任何智力正常的人，在一秒內就明白 iPod 是甚麼和具備甚麼優點。試想像你純粹以「體積小、容量大」來形容 iPod，客戶感受到的震撼力必然大打折扣。一同感受一下這個比喻的威力（Apple-Steve Jobs introduces the iPod–2001）：

要運用好比喻，推銷員必須深入了解產品。**如果連推銷員本身也不了解產品，你的比喻就不是在簡化概念，而是在誤導客戶。**假如你是瘦身療程的推銷員，你就要先了解療程是運用甚麼原理令客戶達致瘦身的效果，然後再把這個複雜的原理用比喻手法介紹給客戶。例如你可以把療程效果比喻為跑了多少公里的步，再把這個數字化為實在的由哪裡去到哪裡（例如 25 公里大約是由旺角到元朗的距離），客戶的腦海中便會即時有個具體的影像。

在這個推銷員近乎氾濫的年代，要抓住客戶的注意力，就必須一針見血的令客戶理解你的產品優勢。請嘗試把公司產品的優點，結合比喻，**用不多於三句說話表達出來**。這種做法對需要 cold call 的推銷員尤為重要，因為在 cold call 的過程中，**客戶給予推銷員說話的時間可能只有幾秒**，我們必須把握這短暫的時間，激發客戶的興趣與好奇心，從而爭取與客戶進一步互動。

同場加映：高效 cold call 法

由於電話銷售氾濫，很多客戶對 cold call 已經產生了抗體，他們可隻字不聽而掛線，或者向電話網絡商申請拒絕推銷電話，甚至有應用程式專門過濾推銷電話。面對重重障礙，現今的 cold call 已**不能純粹靠通話量來維持業績**，反之推銷員需要**更有策略地處理每個 cold call**，才能成功開發客戶。

就如早前所述，請以最簡短的說話把產品賣點告訴客戶。但在成功引起客戶興趣後，下一步應該怎樣做呢？

客戶對產品有興趣，通常會開始詢問一些產品細節，這時由於推銷員感到成功在望，便會喋喋不休的把產品資訊告訴客戶。這種做法並不一定錯，但我建議你**先確定這一通電話的目的是甚麼**，才決定是否這樣做。

電話銷售的目的是甚麼？這個看似多餘的問題，其實很多推銷員也搞不清。總括而言，電話銷售大致可分為成交和約見兩種目的。成交是最困難的，因為能夠口頭成交的產品不多，這亦是唯一需要作詳細產品介紹的電話銷售。如果你的目的是約見，那就意味着**成交是在跟客戶見面時，而不在通話中**。你有否遇過一些電話推銷員，企圖把一個 20 年的保險計劃「說」出來？將心比己，你有耐性聽嗎？

如果目的是約見，太詳細的產品說明反而會增加失敗的風險。謹記**電話銷售是與時間競賽**，客戶在講電話的同時亦不斷被外界干擾，你必須在客戶的耐性到達極限前達到目的。雖然你成功引起了客戶的興趣，但不代表產品就是客戶想要的，這時你應該立即要求約見，這種做法至少有三個好處：

1. 試探對方誠意

客戶真的對產品有興趣，理論上不會拒絕見面。如果表示有興趣又拒絕見面，就不是真的有興趣，推銷員此時便要回歸基本步，在引發客戶的興趣方面下工夫。

2. 減少外來干擾的機會

Cold call 時，推銷員對客戶的掌控性較低，過程中客戶可能遇上別人搭訕、電話待接、訊號微弱等等情況，所以最好的處理方法就是縮短通話時間，只要客戶表示有興趣，便直接要求約見。

3. 避免犯錯

我們無法在電話中看到客戶的肢體語言，因此無法判斷哪些是客戶感興趣的資訊，太多的產品說明，只會講多錯多。

就算客戶主動問及產品詳情，基於以上第一和第二點，推銷員可以在初步解答客戶的問題後說：「我哋嘅產品種類有好多，加上喺電話好難將啲資料講畀你知，不如我哋約下星期見面，我慢慢解釋畀你聽，你下星期咩時間 OK ？星期三好冇？」**連消帶打的提出約見，並即時建議會面細節如日期和時間等**，減少客戶思考的時間，亦減少節外生枝的機會。

爆數☆金句

★★★

「再爛的電影，預告都一定精彩。」
學習電影預告片，
把產品的主要賣點
用最簡單直接的方法表達出來。

★★★

★★★

比喻是把複雜概念
簡單化、具體化的有效方法。

★★★

★★★

成交是在跟客戶見面時，
而不在通話中，
所以 cold call 的目的是約見。

★★★

銷售FAQ??

Q1：甚麼性格的人適合做推銷員？

A：很多人以為推銷員必需具備卓越的口才，或者是性格外向的「世界仔」，但其實成功的推銷員沒有特定的個性。正如大家可能認為身材高大是成為出色籃球員的條件，但 NBA 史上，卻有一位身材矮小但成就斐然的籃球巨星。

Allen Iverson 身高 6 呎，約 183 厘米，在 NBA 的世界中算是十分矮小的球員，但他在球場上的成績卻讓很多身材高大的球員望塵莫及，關鍵就在於他懂得改善弱點，並發展優點。個子矮小，便集中鍛鍊速度、靈活度和投籃準繩度，他曾經被譽為全 NBA 速度最快的球員。因為他懂得避重就輕，才得以鍊成一代籃球名將。

主動外向的人，從事推銷工作時可能有一些優勢，但即使你的個性木訥，也可以借此塑造誠實可靠的形象；不擅詞令，可以多用 Email 或 WhatsApp 等工具和客戶溝通，彌補不足。

雖然成功的推銷員沒有特定的條件，但有一種人我認為是不適合做推銷員的，就是一些對實現目標沒有企圖心、做事輕言放棄的人。因為銷售是一種競爭激烈的工作，**如果對成交沒有企圖心，客戶說一聲「不」就打退堂鼓，在銷售上是難以取得成就的**。

”

Q2：會面時應該跟客戶握手嗎？

A：推銷員跟客戶會面，握手是少不免的社交禮儀。在一次會面中，雙方握手的次數一般是兩次，即見面時一次，離開時一次。見面握手並非必要，做與不做可以根據會面性質由閣下自行判斷。然而我建議在會面後握手，因為這個舉動對銷售有着重要的影響。

推銷員跟客戶討論完畢，**準備離開之時，應該主動跟客戶握手，時間最好能持續數秒**。而且在握手時，推銷員應該**扼要地講出這次會面的重點，以及相關的跟進事項**，例如撰寫計劃書、下次會面日期等等。

握手是一種身體語言，它包含着友善、承諾、合作等等的意思，在離開時握手，並在握手時說出會面撮要及跟進事項，就是透過這種身體語言**令客戶在意識上不自覺地對你所說的話許下承諾**。例如你跟客戶道別時說：「多謝你嘅時間，我哋今次嘅計劃書真係花咗好多心機去構思，希望你哋會滿意。下次開會時，麻煩你同老闆傾下，睇吓鍾唔鍾意呢個計劃呀，之後我哋喺電話傾吓嚟緊點做。」邊說邊握手，客戶意識上是答應了你的提議，亦會對大家達成的「階段性成果」更為重視。

”

Q3：跟客戶會面時，應該怎樣安排座位？

A：年前，香港一個電視台播出了一輯求愛真人 show，當中的戀愛導師教導學員和異性溝通時應該站在對方的 45 度角，這番言論成為當時社會的熱話。

在動物世界，你不難發現，所有動物在打架或唬嚇對方時必定是正面相向的，而且保持距離，因為只有這樣才能看清對方的舉動，避免受到攻擊，甚至主動出擊。相反，在表示友好、親暱，如互相梳理毛髮時，都是在對方兩旁，這是一種信任的表現。人類也是動物的一種，我們都擁有動物的本能，所以「45 度原則」其實是有根據的，因為**面對面會給人帶來壓力，亦代表對抗，反而在兩側會帶來輕鬆和信任的感覺**。

推銷員與客戶交談時，最理想是**站在客戶旁邊，視線停留在客戶的眉心位置，避免望着客戶眼睛**，減少對方的心理壓力。如果需要拿着產品做說明，可以和客戶站在同一邊觀看和講解。同樣地，做企業銷售時，最理想是跟客戶坐在會議桌的同一邊，其次就是「L」字型坐在桌角的兩邊。**如果不得不相對而坐，可以輕微把身體傾斜**。以上的做法，目的都是減低客戶的防衛心理，營造輕鬆的氣氛。

假如跟客戶在公共場所會面，如快餐廳、咖啡店等，除了「45 度原則」外，推銷員亦應該**安排客戶坐在面向牆壁或較少人進出的位置**，這樣可以減少客戶被外界騷擾，把注意力集中在你身上。

Q4：只要能夠維持公司產品的競爭力，公司就會有好業績，為甚麼還要學習銷售技巧？

A：公司產品「有麝自然香」，乍聽之下很有道理，但其實只有在一些特殊情況下才可成立，例如企業售賣的產品有完全壓倒性的優勢，又或者該行業受到某些外在條件（如法例、技術等）保護、競爭對手進入市場的門檻很高。

然而，這些行業只是少數，在世界反壟斷、引競爭的大趨勢下更日漸萎縮。事實上，現今社會由於工業技術及資訊科技發達，**產品之間很少存在絕對優勢，取而代之的是相對優勢**，即 A 牌子的功能比 B 牌子優勝但 B 牌子的款式又比 A 牌子多等等，即使質量較遜色，亦可以低價吸引消費者。當消費者的選擇越來越多，單靠產品優勢，已不足以在市場上逐鹿爭雄。

當產品質量的競爭優勢減少，有效率的銷售策略便成為了另一個競爭方法。以行軍作比喻，**推銷員是將領，產品就是兵器，**如果今天我們跟石器時代的人打仗，兵器的絕對優勢足以蓋過將領的才能；但當兵器的水平旗鼓相當時，將領的領導能力便成了勝負的關鍵。

簡言之，「有麝自然香」依然成立，但同時必須配合前線人員的銷售技巧，才能有效地為企業促銷產品，在競爭激烈的市場上佔一席位。

Q5：銷售時應該貶低競爭對手嗎？

A：不應該。因為你不知道客戶和競爭對手之間的關係，即使他們毫無關係，你的胡亂批評也會令人質疑你的中立性，失去客戶信任。

你是代表公司的推銷員，你的責任是幫公司賺錢，所以立場不可能是中立的，你要做的是讓客戶「覺得」你中立，並為他的利益設想。要做到這種效果，我介紹一招**「明褒實貶」**，讓你不說一句壞話，依然能將對手比下去。

將客戶「起底」後，你大概知道他的需要是甚麼，這時為了讓他覺得你中立，你可以**提出一些競爭對手的優點，但僅記這些優點要跟客戶的需要無關**。例如你是吸塵機推銷員，客戶需要一台不會佔用太多空間的吸塵機，你可以告訴客戶：「XX 牌嗰隻吸塵機都幾好㗎，吸力好夠，佢個摩打申請咗專利。」客戶聽過後會想：「吸力係好，但太大部，唔啱我。」當然，你的產品必須擁有節省空間的特色，才用得上這一招。

在你褒獎對手時，客戶感覺你是中立的，並沒有因為推銷而胡亂吹噓，這也利用了 Selling Tips 7 中提及的「肯定結果謬誤」。而當對手的優點並不是客戶想要的，客戶內心便很自然地否定這項優點，從而亦否定了對手的產品。如果推銷員直接指出對手產品浪費空間這個缺點，客戶便有可能覺得你是為了抹黑對手而這樣說，即使這是事實亦無法取得客戶信任。

”

Q6：客戶對自家產品的缺點十分在意，該如何應付？

A：首先要做的，是必須承認這個缺點，然後**把缺點轉化為購買的理由**。

再以推銷吸塵機為例，客戶想要輕巧的吸塵機，但你的產品不符合條件。你**無法改變這種客觀條件的錯配，但可以嘗試改變客戶的主觀想法**，令他覺得自己真正需要的是一個吸力大的吸塵機。

客戶家中有沒有養小動物？有沒有小朋友？家住甚麼區域？附近有甚麼設施？家中有沒有人患鼻敏感？這些問題的答案，都可能成為客戶需要一個大吸力吸塵機的理由，而它的缺點就是體積大。世事沒有兩全其美，但你認為自己和家人的健康重要，還是家中少了數呎空間重要？另一方面，我相信你只要認真收拾一下，家中一定有容納它的空間。你有多久沒有打掃家居了？就以此作為你的第一步吧！

應付客戶的疑慮，策略不外乎是**轉移和淡化**，由在意吸塵機體積，轉移為在意它的吸力，再提出比體積更重要的東西，以及解決方法，從而淡化體積大的影響，改變客戶的主觀想法。

最後我要指出，推銷員不可能與每一位客戶成交，假如產品不能滿足客戶的需要，又無法轉移或淡化，那推銷員就不必糾纏，把他的需要記下，並儘快找尋下一位客戶，待日後有機會時再作銷售。

Q7：有沒有甚麼鐵律，是不論從事甚麼銷售行業都適用的？

A：有，這條鐵律就是「sell 自己」！

雖然推銷員的工作是銷售產品，但其實即是在**推銷你的價值，這是遠高於產品價值的**。試想像如果產品的價值比推銷員高，顧客跟誰購買其實都沒有分別，公司聘請誰亦沒有分別，那麼你在銷售上的成就也跟一般人沒有分別。

然而，有很多推銷員把產品價值放在自己之上，這是因為他們太着眼於要把產品賣出去，以致誤以為產品說明等如銷售。事實上，顧客需要的不是一個銷售產品的推銷員，他們需要的是一個了解他們、能為他們提供意見的顧問。

「Sell 自己」就是把自己昇華至顧問的層次。你不是電腦推銷員，你是電腦科技顧問，負責為顧客解決日常使用電腦的問題、提供意見和搜集最新的科技資訊；你不是服裝推銷員，你是形象顧問，負責為顧客挑選合適的服裝，出席不同場合；你不是幼兒英語課程推銷員，你是幼兒教育顧問，為顧客提供孩子教育與成長的意見。

當你由推銷員升級至顧問後，你的價值便高於產品，因為客戶買的除了有產品，也包括你的意見、服務、資訊等等。**顧客可以跟不同的推銷員購得同樣的產品，但人性化的服務則難以取代**。你的銷售重點不只停留在產品上，還有對人的了解。你會得到客戶的信任、你會得到僱主的垂青，一切都源自你能夠成功地「sell 自己」！

”

Q8：推銷員在每次銷售前，應該作出甚麼準備？

A：守時、整理儀容、闢除口氣、準備所需資料、確認會面時間地點、構思開場白等等都不是我要說的，因為能讀到這個部分的讀者，這些基本功已經不用多說，應該早就成為你的「指定動作」。

我所指的準備，是一種心理上的調整，把自己調整至一個銷售的狀態，就是**假設客戶是要跟你成交的，你的出現只是把成交的原因和一切必要的程序告訴客戶**。

人與人之間的溝通，結果不外乎幾個：一是你影響別人，二是別人影響你，三是互相不受影響，四是互相被對方影響。作為推銷員，我們當然希望影響客戶的價值觀，令他覺得「要買」，但世事不會這麼盡如人意，客戶也會用不同的理由影響你，令你覺得他「不要買」。誰能最終成為影響別人的一方，就要看誰最能堅持、誰的信念最強。

做好心理調整，令自己提早進入銷售狀態，增強自己的成交信念。這樣做雖然不一定能令你百戰百勝，但正如做運動前必須有足夠的熱身才能發揮最佳表現一樣，**心理調整就是為你的銷售「熱身」**。

”

Q9：主管告訴我，我必須相信自己的產品，才能成功銷售，是真的嗎？

A：「相信自己的產品」，可說是成功銷售的第一法則，相信每個人都聽過。但它的意義是甚麼，又有幾多人思考過？

篤信要「相信自己的產品」的人，認為假如連推銷員本身也不相信產品，那又怎麼令客戶相信呢？更遑論購買！這個邏輯是對的，但是「相信自己的產品」中的那個「相信」，是要我們相信甚麼？相信產品是完美無瑕、天下無敵？還是另有所指？

令一些銷售新手盲目地相信自家產品有一個好處，就是增強他們銷售時的信心。新手們由於缺乏經驗，對產品有信心有助他們克服面對客戶時的緊張情緒，亦可以令他們將銷售焦點放在產品上，而不在人上，減少面對陌生人時的壓力。

然而，當我們要提升至另一個層次時，就不能繼續盲目地相信。相反，我們除了**要相信產品有它的優點之外，也要相信它有缺點**。試想想，如果產品真的如此完美無瑕，那還需要推銷員嗎？正正因為它不完美，所以推銷員才有存在的價值，推銷員的作用就是**透過不同技巧，令客戶接受甚至愛上產品的不完美**。

因此，在我的銷售哲學裡，有一點是跟主流思想不同的，就是我認為**在相信產品之上，還有更重要的「相信」，就是相信自己**，相信自己有能力把不完美的產品成功銷售出去。由第一章開始到這裡，我一直貫徹「**人才是銷售**」的關鍵思想，而不是「產品」這種概念。如果推銷員對自己沒有堅定的信心，即使手上的產品再完美也是徒然。

”

Q10：怎樣讚美客戶，才能令客戶高興之餘，自己又不會被標籤為「擦鞋仔」？

A：讚美是一種有效促進人際關係的技巧，因為獲得讚美代表別人欣賞自己，也就是找到了明白自己的人。所謂「千金易得，知己難求」，被讚美的人對對方的好感自然會提升，這是就算花錢也難以做到的事。

可是**讚美跟「擦鞋」只是一線之差**，前者令人如沐春風，後者則教人起雞皮疙瘩。當你的讚美令人感覺「擦鞋」，就會造成反效果，無法製造好感之餘，更會引起對方戒心，猜想你討好自己的動機，惹人生厭。

最安全的做法，是把讚美**由主觀的意見，變成客觀的陳述**。例如你想讚美客戶：「你今日件衫好靚。」可以改為：「有冇人讚你今日件衫好靚？」前者是你自己的主觀感覺，有成為「擦鞋仔」的風險；後者所說的不是你自己的意見，而是其他人的意見，事情就變得客觀了。而且，**就算你是一個比較害羞的人，這種客觀的讚美也不難開口**。請放心，不論對方答你有或沒有，他內心都認定了你讚美他的衣着。

以下是其他把讚美由主觀變成客觀的例子：

主觀	客觀
你好聰明。	你啲朋友係咪都覺得你好聰明？
你真有品味。	我估好多人都讚你有品味。
你好似吳彥祖。	有冇人話你似吳彥祖？
你好細心。	你女朋友一定係鍾意你夠細心。

東尼，有冇人話你
好有PASSION？
!

後記

感謝你讀到這本書的最後部分，不知道閣下對這本書有甚麼意見呢？如果它能提升你的工作表現，我會因此感到高興，並希望你以請吃飯來報答我。又或者你會認為此書的內容「很廢」，讀完後感覺就像買票入戲院看電視劇藝人演戲，花錢之餘又浪費時間。但無論如何，我也要說聲多謝，因為你們的確花了真金白銀去支持一位無名小卒的作品。

不管你是不是推銷員，請記着人生最大的財富不是金錢，而是一顆滿載夢想的心。生活雖然是一堆挫折，更必須妥協，但若你找到了自己的夢想，請勇往直前，排除萬難的將它實現。

寫一本關於銷售的書，是我的夢想，今天這個夢想達成了，你還在等甚麼？想做便去做吧！

(如對本書有任何意見，可電郵至 artisticselling@yahoo.com.hk)

Business 017
作者：東尼
編輯：Ava Lam
設計：4res
出版：紅出版（藍天圖書）
地址：香港灣仔道 133 號卓凌中心 11 樓
出版計劃查詢電話：(852) 2540 7517
電郵：editor@red-publish.com
網址：http://www.red-publish.com
香港總經銷：聯合新零售（香港）有限公司
台灣總經銷：貿騰發賣股份有限公司
新北市中和區立德街 136 號 6 樓
(886) 2-8227-5988
http://www.namode.com
出版日期：2015 年 3 月 第一版
2015 年 5 月 第二版
2015 年 6 月 第三版
2015 年 11 月 第四版
2016 年 7 月 第五版
2017 年 9 月 第六版
2019 年 7 月 第七版
2021 年 7 月 第八版
2023 年 5 月 第九版
圖書分類：金融商務／市場營銷
ISBN：978-988-8822-68-3
定價：港幣 98 元正／新台幣 390 圓正

做作家，
不再是夢想！